安徽建筑大学城乡规划专业
办学四十周年作品集

安徽建筑大学建筑与规划学院规划系 编

东南大学出版社

·南京·

进德·弘毅·博学·善建

序 言

庚子之年，喜迎安徽建筑大学城乡规划专业办学40周年，规划系组织编制校友作品集，此作品集云集了省内外杰出校友的成果、作品，异彩纷呈。

这是一部城乡规划人才培养成果的展示，更是一部中国新时代城乡发展的历史的记录。从300余个设计成果中挑选出来的90多个设计精品，客观地记录了城乡规划专业校友们40多年来技术的成长与进步、科学的探索与发展、作风的培养与磨炼。

城乡规划专业办学的40年改革紧跟改革开放40年的脚步，我国城市的物质空间和文化内涵，建设发展技术和管理手段，都经历着从量变到质变、从形式到内容的深层巨变。这些变化给中国的规划师们提供了巨大的演出舞台，也给城乡规划专业教育留下了深邃的思考和优化空间，促使人才培养模式积极应对城市规划的理论、思想、体制、方法和技术等方面的探索和创新，40年来，城乡规划专业由寥寥几位高水平、精专业的骨干，经过40年不懈发展，形成了具有地域特色的高水平、多方向的多个教学科研团队，培养了数千名城乡规划专业人才，跟随时代的大潮，参与和见证了国家、地方城乡建设发展，在全国规划院校中享有盛誉，更深深影响了我省规划和建设行业。

这部作品集收录了校友们在祖国山河大地的磅礴巨笔和挥洒布局，倾注了对新时代城乡建设的心血与奉献，寄托了对山水画卷和诗意栖居的理想与渴望，校友们的步伐覆盖着祖国的山山水水，笔墨点划着未来的城市乡村。这是历史的足迹，是校友们留给母校的珍贵的财富和资源，在学校和广大校友之间架设了一座专业学术和情感的桥梁，也是安徽建筑大学城乡规划发展的见证，是城乡规划办学的40年风雨历程的回顾、思考，和面向未来的展望，为此次40周年庆祝系列活动增添了浓墨重彩的一笔，也为城乡规划办学持续发展、再创辉煌增加了新的动力！

在此对各位校友和为筹办活动的所有人致以谢意！

吴运法
安徽建筑大学建筑与规划学院
2020年10月20日

目 录 Contents

城乡规划专业校友作品

Works of alumni majoring in urban and rural planning

合肥市域中心村布点规划暨示范村建设规划

Layout Planning of Central Village and Construction Plan of Demonstration Village in Hefei City

项目负责人　　胡厚国、杨建辉、刘复友
主要参与人员　张卫华、唐厚明、毕启东
项目设计单位　安徽省城乡规划设计研究院
项目时间　　　2006 年
获奖情况　　　全国优秀村镇规划设计二等奖

　　《合肥市域中心村布点规划》成果内容包括：总报告、四个专题研究（农村村庄基本状况分析、农村经济发展与建设模式研究、农村分类建设标准与资金筹措研究、农村基础设施分类配套标准研究）及《合肥市新农村规划建设标准》，为达到不同建设模式村庄分类指导的目标，选择木兰村、长刘村、陶西村、瑶岗村进行了建设规划编制。

　　本规划的目的在于为合肥市域中心村布点、整治、建设提供指引，促进农村土地资源的集约利用、基础和公共设施的经济适用以及人居环境的不断改善，努力建设"四节一环保"农村新社区，促进新农村建设进入一个崭新的历史时期。

　　规划分析了合肥市域村庄的主要特征：村庄规模小、占地面积大、村庄建设乱、人居环境差、经济实力弱。规划预测了合肥市未来农村发展的主要趋势：农业规模生产将占主导地位、农业生产机械化水平将大大提高、农村住户收入非农化趋势更加明显、村庄所承担的生活功能更加突出、多数村民不再具有农民身份。

　　按照"层圈式"模式对村庄进行分区，即以城镇为极核，结合地形地貌单元的差异，由里向外划分为规划建设区、近郊区、远郊区（平圩区、岗区、山区）、特殊区域等四种区域类型村庄，并对不同区域村庄提出相应的发展模式。针对性地提出四种村庄建设方式：拆迁新建型、旧村整治型、特色保护型、改造扩建型；提出按照特色化生产、区域化布局、产业化经营的要求，积极发挥比较优势，集成强势产业，建设各具特色的、主导产业鲜明的各类村庄；对新农村建设的基础设施和公共服务设施提出了分类、分级配套要求，并形成了合肥市新农村村庄规划建设标准指引。对规划实施后的经济发展效果、人居环境改善效果、中心村集聚效果、土地整理效果、社会事业发展效果进行了评价。

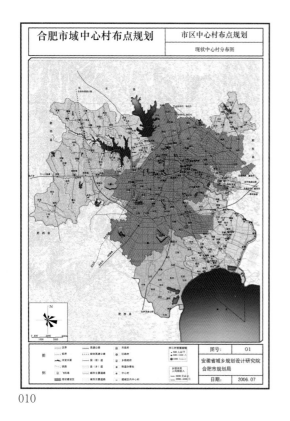

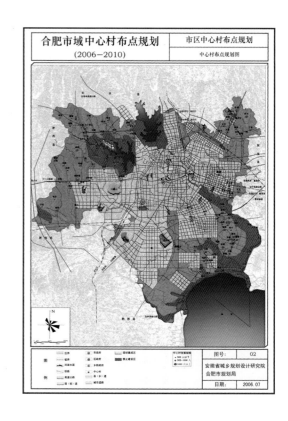

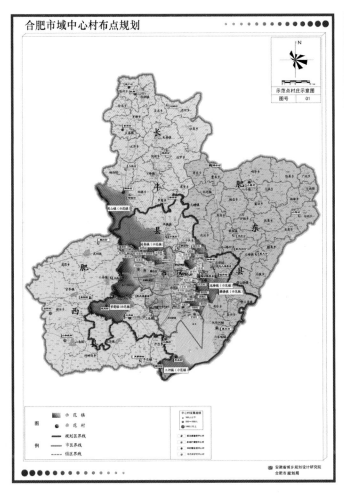

合肥市域中心村布点规划

示范点村庄示意图

图号 01

安徽省城乡规划设计研究院
合肥市规划局

合肥市域中心村布点规划
（2006—2020）

肥东县中心村布点规划

中心村布点规划图

图号： 02

安徽省城乡规划设计研究院
合肥市规划局

日期： 2006.12

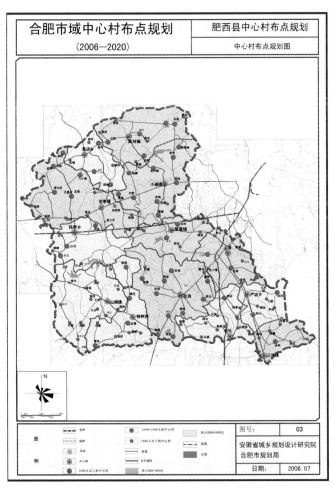

合肥市域中心村布点规划
（2006—2020）

肥西县中心村布点规划

中心村布点规划图

图号： 03

安徽省城乡规划设计研究院
合肥市规划局

日期： 2006.07

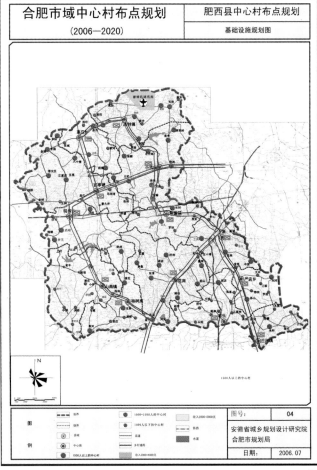

合肥市域中心村布点规划
（2006—2020）

肥西县中心村布点规划

基础设施规划图

图号： 04

安徽省城乡规划设计研究院
合肥市规划局

日期： 2006.07

合肥市滁河干渠沿线水系保护规划

Protection Planning of Water System along Chuhe River in Hefei

项目负责人　　　张敏
项目设计单位　　合肥市规划院
项目规模　　　　781 km²
项目时间　　　　2016 年

　　滁河干渠是位于合肥主城区以北、江淮分水岭以南的岭上运河。滁河干渠以北至江淮分水岭的整个汇水区全部纳入规划范围，共 781 km²，涉及 6 个区县、15 个乡镇。

　　开展本次水系保护规划，既是落实国家到地方关于加快生态文明建设、推进绿色发展要求的重要战略举措，更是具有保障合肥市供水安全、完善区域生态格局的重要战略意义。

　　从地形上来看，整个规划区呈现北高南低，岗冲相间的地形特征。东西向横切的滁河干渠因此呈现悬河段与切岭段交错的特征。内水系资源十分丰富，水系总面积 69 km²，占规划区的 8.8%。除了降雨所带来的本地水之外，还有通过淠河总干渠从大别山输送过来的客水，其中客水率达到 63%，并且呈现逐年上升的趋势。由"山、岭、河、湖、田、林"组成的生态基底条件优越，但是水系沿线连续林地少。从现状来看，滁河干渠沿线林地界面率约为 30%，而其他水系沿线更低，大多数达不到水源涵养和水质净化宽度的要求。完成的滁河干渠概念规划阶段对水系的保护基本上停留在"一刀切"的层面。本次规划认为不应完全"一刀切"，应该"五步走"：第一，扩范围，将整个滁河干渠的汇水区纳入规划范围；第二，根据不同水系的特征划分不同的类型；第三，根据不同的类型制定不同的划线标准，分别划定不同等级的水系保护区；第四，根据不同等级的水系保护区提出清晰的管控策略；第五，构筑水系保护的路径。

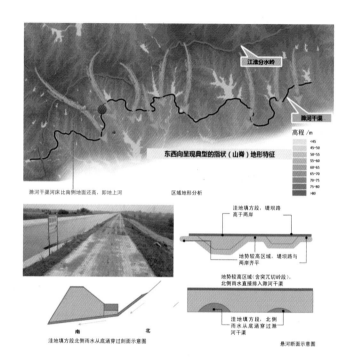

滁河干渠河床比南侧地面还高，即地上河　　　区域地形分析

洼地填方段北侧雨水从底涵穿过剖面示意图

洼地填方段、堤坝路高于两岸

地势较高区域、堤坝路与两岸齐平

地势较高区域（含突兀切岭段）、北侧雨水直接排入滁河干渠

洼地填方段、北侧雨水从底涵穿过滁河干渠

悬河断面示意图

水源地水库二级保护区根据小流域划定基础范围

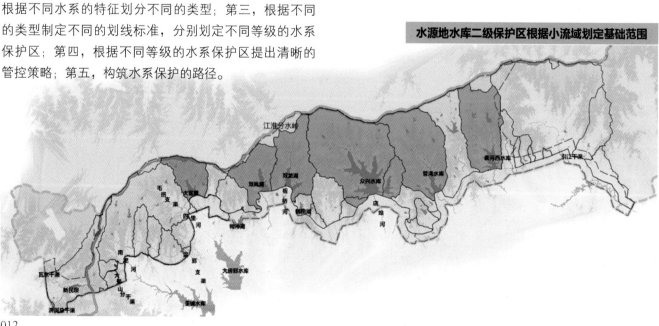

应用 MIKE21 构建二维水质模型，分为 5 个步骤（以众兴水库为例）

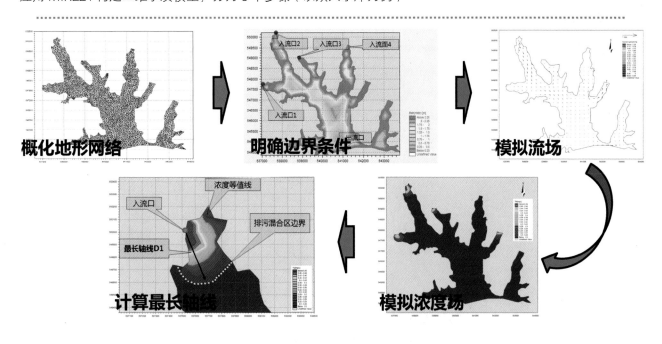

以六大水库取水口为圆心，以最长轴线为半径画圆，得到水源地一级保护区水域范围，共 1.3 km²。

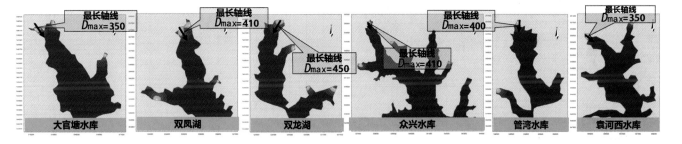

水源地水库名称	水源地一级保护区水域面积 /hm²
大官塘水库	16.9
双凤湖	21.0
双龙湖	29.7
众兴水库	23.5
管湾水库	17.8
袁河西水库	17.6
合计	126.5

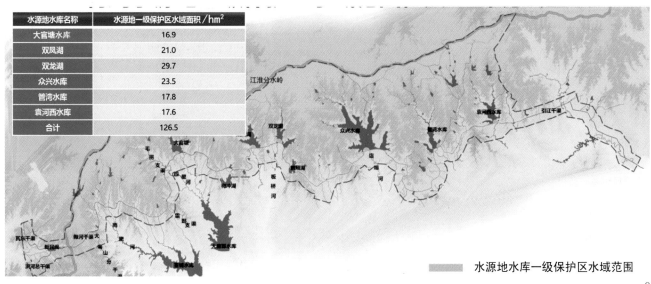

水源地水库一级保护区水域范围

成都康郡小区规划设计

Planning of Kangjun Community in Chengdu

项目负责人   吴献民
项目规模   13 万 m²
项目时间   2003 年

芜湖市鸠兹广场规划设计

Planning of Jiuzi Square in Wuhu City

项目负责人　　　郑均均　　曹有民
主要参与人员　　张锋　　黄德元　　张勇　李承进　赵红娜
项目设计单位　　芜湖市规划设计研究院
项目时间　　　　2000 年
获奖情况　　　　2001 年度建设部优秀城市规划设计二等奖

　　芜湖市鸠兹广场位于芜湖市城市中心、镜湖之畔，北倚赭山、西接中山路商业步行街、东南临大小镜湖，占地 6.78 hm²，地下建有 2 万 m² 的商场和停车场。广场规划突出保护环境、优化环境的设计理念，以芜湖悠久的历史文化为主线，高度概括城市的过去、现在与未来，集地域性、观赏性、文化性、休闲性、舒适性、时代性于一体。广场的功能分区结构为"一主两副、一环两带"："一主两副"即一个主功能区——中心主广场（由主题雕塑、旱喷、历史文化长廊、表演台、涌泉构成），两个副功能区——音乐广场、文化艺术展馆区；"一环两带"即环绕中心主广场的螺旋形环状游览休闲道和临大镜湖、小镜湖的两条临水休闲带。

　　芜湖市鸠兹广场 2001 年 5 月建成，该工程获 2001 年度安徽省建设工程"黄山杯"奖；该规划设计获 2001 年度安徽省优秀规划设计一等奖。

总平面

· 保护环境，优化环境，享受环境
· 高度概括城市的过去、现在与未来，激励人们的奋发精神
· 突出地方文化特色，创造和谐的文化休闲空间

图 示

1 主题雕塑	12 露天咖啡吧
2 休闲文化长廊	13 音乐看台
3 室外表演舞台	14 涉水池
4 涌泉	15 文化艺术雕馆
5 主入口雕塑	16 休闲林区
6 浮雕壁	17 临水休闲带
7 次入口	18 滨水亭廊
8 非机动停车场	19 露天茶座
9 音乐广场	20 公共厕所
10 下沉式广场	21 雕塑小品
11 地下商场入口	22 戏水广场

017

天长市内城河景观规划设计

Landscape Planning and Design of Inner City River in Tianchang City

项目负责人	赵茸
项目设计单位	安徽省建设工程勘察设计院
项目规模	老城区内的护城河滨水带
项目时间	2000 年

　　天长市区境内东西宽 53 km，南北长约 56 km，总面积 1770 km²。城区范围内有川桥河和白塔河两条水系，川桥河（位于老城区段，古时也称为护城河）由西南至东北、白塔河由西向东穿过城区。城区地势由东南向西北逐步降低，以簸箕形状倾向高邮湖。

　　本次规划范围为天康大道至建设路段滨水带，即位于老城区内的护城河滨水带。总面积为 39.4 hm²，其中水域面积为 11.9 hm²，长为 2691.7 m。

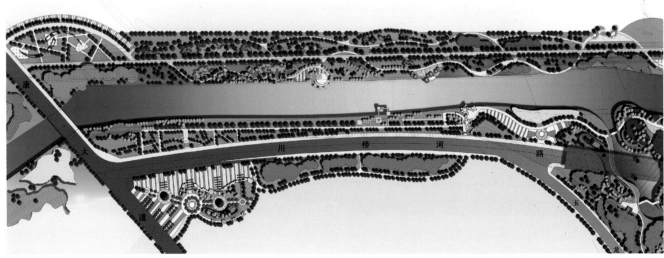

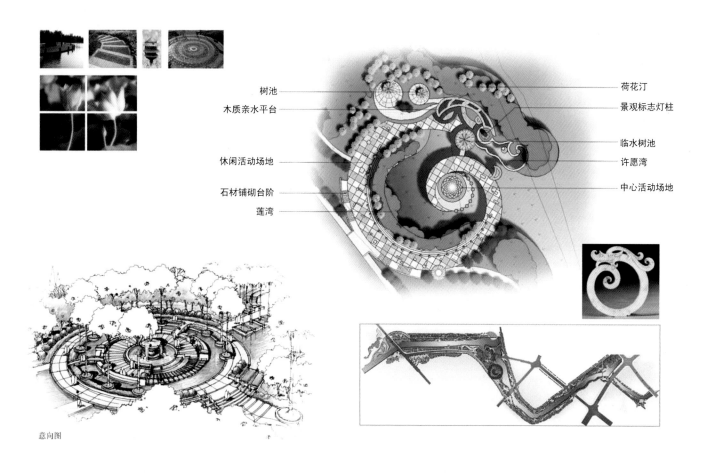

树池
木质亲水平台

休闲活动场地

石材铺砌台阶

莲湾

荷花汀

景观标志灯柱

临水树池

许愿湾

中心活动场地

意向图

安徽省长江干流桥梁（隧道）布局规划

Layout Planning of Bridges and Tunnels in the Main Stream of the Yangtze River in Anhui

项目负责人　　　　庄勇　　张强　　徐宏光
主要参与人员　　　张必准　赵晶　齐淑娟　谢洪新　宋文　陈敏
项目设计单位　　　中铁大桥勘测设计院有限公司　安徽省交通规划设计研究院
项目时间　　　　　2010 年

　　八百里皖江地区是安徽省经济、社会、科技、文化最发达的地区之一，是安徽省"东向发展"战略实施的前沿阵地，区位优越，发展潜力巨大。2010 年，随着《皖江城市带承接产业转移示范区规划》的批复实施，皖江城市迎来空前的发展机遇。

　　本规划以现状分析为基础，以满足区域综合交通需求为目标，以上位规划和相关文件为指导，以科学的交通需求为支撑，在满足军事、环保、水利、航运等多部门的要求下，科学、前瞻性地规划布局皖江地区过江通道，提出了相应的规划措施，并明确了项目库和建设时序。规划在指导安徽省过江通道有序建设、促进长江南北两岸往来交流、支撑沿江地区高质量发展方面发挥了重要作用。

安徽省长江干流桥梁（隧道）布局规划

安徽省长江干流桥梁（隧道）布局规划

安徽省长江干流桥梁（隧道）布局规划

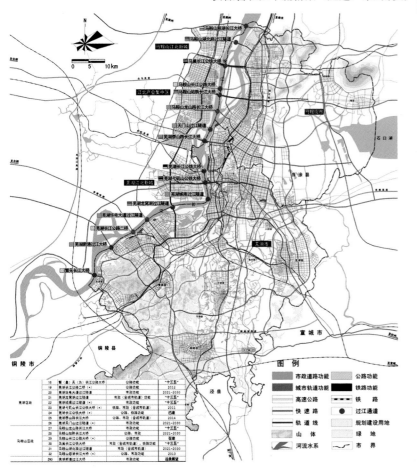

021

蚌埠市中心城区废弃铁路专用线空间利用规划研究

Study on Space Utilization Planning of Abandoned Railway Special Line in Bengbu Central City

项目负责人　　刘宛　　刘锋
主要参与人员　黄康　刘清宇　茹行健　唐义琴　张东宇　张满弦　杨东
项目设计单位　蚌埠市规划设计研究院　清华大学
项目规模　　　蚌埠市中心城区
项目时间　　　2018 年
获奖情况　　　2019 年度安徽省优秀城市规划设计一等奖

　　蚌埠市 2012 版总体规划提出的"宜居、宜业、宜游的现代化大城市"的城市职能，体现了城市发展的新重点。作为现代化大城市生活服务功能的空间载体，城市中心城区提高空间品质、提升服务功能，是面向城市转型、提高城市现代化水平的积极应对和重要契机。横亘在城市中心的废弃铁路专用线为城市发展和功能完善提供了不可多得的空间机会，如何发挥好其作为公共空间的触媒作用，创造新的经济和社会发展生长点，是"存量盘活"的内涵式发展的当务之急。

　　蚌埠中心城区的铁路专用线沿线空间是城市空间转型中的重要空间，在未来建设中，应发挥资源优势，借助现存的机会空间，强化城市综合服务功能，加强城市公共空间与自然环境的有机联系，并借此提升城市交通管理水平。本课题拟对蚌埠中心城区铁路专用线沿线用地进行分类研究，探讨在不同建成环境和规划条件下废弃铁路沿线用地可能的发展模式，借助多元的空间利用方式，提供现代化城市所需要的丰富多样的城市空间，为优化城市空间结构、提升人居环境质量、活化老城提供空间建设的参考。

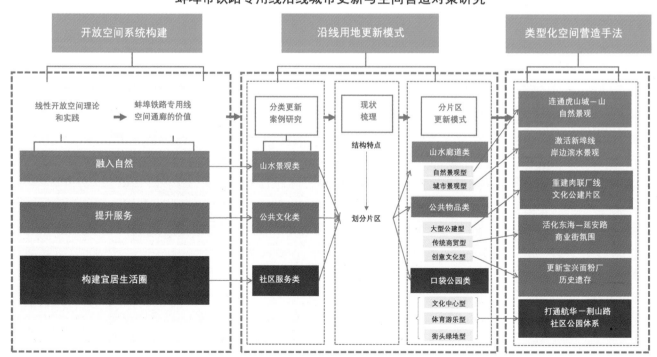
蚌埠市铁路专用线沿线城市更新与空间营造对策研究

用地现状图

现状中工业、仓储用地沿"废专线"散布在城市的重要地区，工厂废弃后占用大量土地资源

以"蚌埠市2003年土地使用现状图"为底图绘制

蚌埠"废专线"及周边用地更新模式分布

根据用地空间结构特点，结合现状、规划条件，分为三类八型更新模式。其中口袋公园类的三种类型在大类用地上均衡分布，故不在模式分布图中分型。

- 自然景观型
- 城市景观型
- 大型公建型
- 传统商贸型
- 创意文化型
- 口袋公园类
- 工厂未更新

空间营造

拆除建筑
保留建筑

· 此商业区主要为新建建筑，以办公和住宅的底商为主形成的商业街，具有连续性；
· 现状缺乏停留空间、游憩设施；
· 铁路的阻隔使得商业街两边空间联系不强，应该使其成为连接两侧空间的步行空间

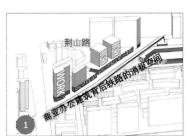

1. 以办公和住宅的底层商业为主形成的商业街，具有连续性

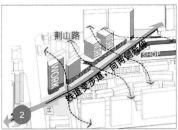

2. 沿铁路设商业步行街，向居住区和商业区内部开放空间延展并与其结合

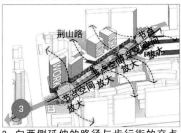

3. 向两侧延伸的路径与步行街的交点设置开放空间节点

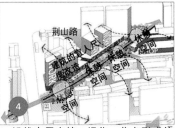

4. 沿线布置座椅、绿化、节点形成休憩空间或小型广场，容纳各类活动

黄山市黟县宏村历史文化名村保护规划

Protection Planning of Hongcun Historical and Cultural Village in Yi County, Huangshan City

项目负责人　　　徐涛松
主要参与人员　　许晓飞　刘珊　曹青云
项目设计单位　　安徽省城乡规划设计研究院
项目规模　　　　330 hm²
项目时间　　　　2017 年

　　2000 年，宏村被联合国教科文组织列入了世界文化遗产名录。2001 年，宏村古建筑群被确定为国家级重点文物护单位。2003 年，宏村被评为全国首批历史文化名村。2011 年，宏村被评为国家级 5A 景区。

　　宏村历史文化名村集中体现了明清时期以居住和商业为主要职能，以尊祖敬宗、恪法守礼为主要特点的传统村落特色。其选址理念、村落形态、街巷格局、水圳空间、建筑风貌、非物质文化等方面都独具特色，是皖南地域传统村落的重要类型，具有重要的历史文化价值。通过本次保护规划强化了宏村世界文化遗产地位，充分保护与发掘其历史、文化资源，建设永葆魅力的世界文化遗产地、彰显特色的徽州文化传承地。

黄山市黟县宏村历史文化名村保护规划
Protection Planning of Hongcun Historical and Cultural Village in Yi County, Huangshan City

始祖汪彦济于公元1131年在雷岗山一带建13 公元1276年，西溪改道向南，雷岗山下一片 公元1403年，请休宁风水先生何可达进行堪舆， 公元1607年，据南湖以镇"内阳之火"，至 公元1832年，清朝盐法变革后，徽商逐步衰落。 自1976年，农民收入逐渐增加，开始解决多
间房为宅，是宏村之始。 平坦，形成"北枕雷岗，三面环水"的村落营 形成完整规划的村落，后利用村中心的天然泉 清乾隆年间，"烟火千家，楼宇鳞次"，村落 公元1855年，太平天国军队几次经过羊栈岭 年的住房难问题。1999年为配合宏村申报世界
造宝地，但社会动荡，村庄发展缓慢。 眼扩大成月沼，开挖水圳引西溪水进村；建造 达到鼎盛时期。 攻占黟县城，村内大量房屋破损。 文化遗产，对宏村古民居、水系、道路、广场、
宏村第一幢汪家总祠堂——乐叙堂。 排水、供水等进行了全面保护、整治。

规划思路：

永续保持世界文化遗产地的全球魅力，全面传承
中国地域徽文化的价值精髓；牢固树立以人本主义为
核心的宜居典范；精细引导以五专保障为纲领的科学
管理。

规划策略：

全面挖掘，建立完整科学的特色价值评估体系；
传承文化，构建以价值为核心的遗产保护网络；
整体保护，细致引导保护要素评定与分类整治；
管控环境，促进社区活力与文化旅游互促共荣；
关注民生，重点落实基础设施与综合防灾建设；
循序渐进，分期实施村落保护与环境设施改善。

亳州北关历史文化街区保护规划

Bozhou Beiguan Historical and Cultural Street Protection Planning

项目负责人　　户厚国　徐涛松
主要参与人员　刘复友　汪树群　毕启东　范均　唐厚明　傅前君　陆正丰　谷古
项目设计单位　安徽省城乡规划设计研究院
项目规模　　　356.2 hm²
项目时间　　　2006 年
获奖情况　　　2007 年度全国优秀城乡规划设计三等奖

亳州城自楚平王筑谯城始，至今已有 2500 多年的历史，自商代成汤地"亳"，约在西周时即已建成。

1986 年亳州被批准为国家级历史文化名城。明清鼎盛时期，城内会馆密布，商店星罗棋布，成为苏、鲁、豫、皖四省的物资集散地，有"小南京"之称。城内商品多集中经营，形成"一物一市，一品一巷"的格局。北关为亳州城外四关中之"最大"。

街区价值：涡水萦绕，老街纵横；专业街巷，商贸繁荣；雕镂精工，古朴典雅；多元文化，特色显著。

技术路线：

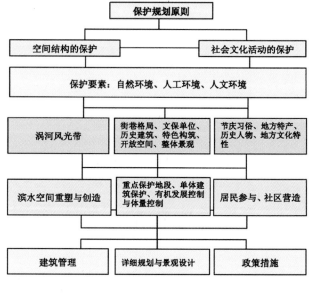

光绪二十年（1894 年）亳州城池图

亳州古城与北关街区现状格局图

历史文化街区保护范围：

北至涡河南岸、南到亳州西路（花戏楼街），西至明清街，东到席市街，规划总用地面积约为 34.39 hm²（其中满河整治协调区 4.43 hm²）。

历史文化街区建设控制地带：

东至谯陵南路，南到亳州西路以南 20~50 m，总用地面积约为 109.4 hm²。

历史文化街区区域控制区：

西至柴家沟，东至谯陵南路。北至涡河北岸第一个街坊，包括亳州古城在内的区域，总用地面积约为 356.2 hm²。

保护框架主题：

文化北关、商居北关、绿色北关。

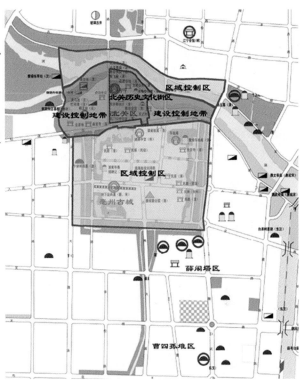

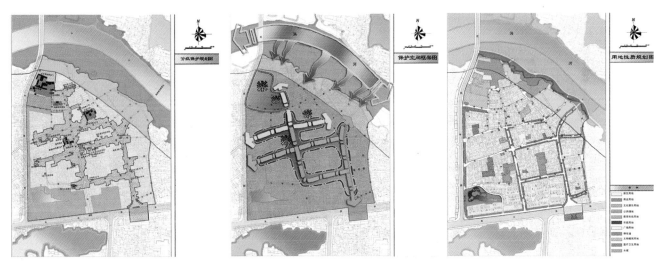

立面整治：对沿河、沿路建筑界面的保护与修缮主要从屋顶、墙体、门、窗等方面把握。

潜山市痘姆乡黄山包、汪山包村庄整治规划

Renovation Planning of Huangshanbao and Wangshanbao Villages in Doumu Town，Qianshan County

项目负责人	徐涛松　　周熊飞
主要参与人员	罗结　　查道圣
项目设计单位	安徽省城乡规划设计研究院
项目规模	20.9 hm²
项目时间	2011 年
获奖情况	2011 年度全省优秀村镇规划设计奖一等奖

　　潜山市山包新村作为全省农村危房改造和村庄整治的示范点，从织补村庄肌理、完善邻里结构、整治村庄环境三个方面入手，通过规划整治和改造，使居民点土地利用更节约、布局更合理、空间更有序、设施更完善。

　　2011 年 9 月，安徽省农村危房改造和村庄整治现场会在潜山隆重召开，省委、省政府及省直机关、全省 16 个市及所辖县市区的主要领导等共 200 人参加了此次会议，称赞山包新村整治规划与建设，把政府主导、群众主体有机统一起来，注重地方特色，注重基础设施和公益设施的配套，注重特色经济与旅游产业的统筹发展，产生了经济、文化、生态、民生多重效益。

潜山县痘姆乡黄山包、汪山包村庄整治规划　　　总平面图

整治建筑
新建建筑

安徽省城乡规划设计研究院

村庄通过规划整治形成"一廊两心三轴多组团"的空间结构。

一廊：滨水生态景观廊道，形成碧水环绕、美景怡人的美丽乡村；

两心：黄山包公共活动中心，汪山包公共活动中心；

三轴：联系黄山包和汪山包两个村庄的发展主轴以及各自村庄发展次轴；

多组团：由村庄和农田划分的吉祥农庄组团和幸福田园组团。

潜山县痘姆乡黄山包、汪山包村庄整治规划　结构图

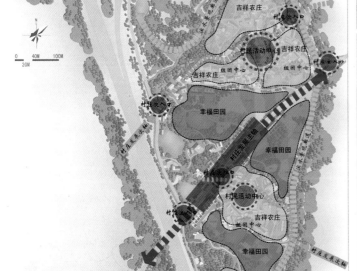

整治建筑
新建建筑

安徽省城乡规划设计研究院

歙县禾园·清华坊住宅小区规划设计

Planning and Design of Heyuan · Qinghuafang Residential District in She County

项目负责人　　韩毅
主要参与人员　谢乐才　程鹏　雍振
项目设计单位　黄山市建筑设计研究院
项目规模　　　52 200 ㎡
项目时间　　　2008 年
获奖情况　　　安徽省土木建筑学会建筑创作奖一等奖
　　　　　　　安徽省优秀工程勘察设计行业奖二等奖

　　歙县禾园·清华坊住宅小区地处歙县渔梁街区保护协调区范围，周边山体环抱，练江由南侧穿越，自然景观与人文景观丰富。

　　规划遵循保护古城特别是渔梁街区基本格局及传统风貌为原则，保持城市自然轮廓线，充分体现"山—水—居"景观特色。

　　建筑立面风格力求与古城及渔梁街区融合统一，努力创造一种"新而徽"的建筑风格，以现代的手法，诠释传统的文化及元素，建筑以白墙、青砖、灰瓦为主调，清新淡雅，充分体现徽派民居"粉墙黛瓦"之意境，融现代与徽派意韵为一体。

池州市石台县城市总体规划

Master Plan of Shitai，Chizhou

项目负责人　　　蔡玲　曹静
主要参与人员　　李红　施展　徐涵　承诞绚　姚杰　莫明龙　金雪瓶
项目设计单位　　中设设计集团股份有限公司
项目规模　　　　1413 km²
项目时间　　　　2015 年

石台县地处皖南山区，享有"中国原生态最美山乡"的美誉。

本次规划以建设"皖南宜居宜游特色山城"为目标，重点协调开发与保护的关系，探索石台特色发展路径。在思路上，突破传统规划局限，实现多规融合，增强总体规划的可实施性，减少各类规划实施中的矛盾。在理念上，引入低碳城市、海绵城市，打造绿色家园；注重职住平衡，严格园区"产业准入"门槛，注重生态环境保护，构建低碳出行体系；以旅游业发展带动当地泛旅游产业，形成产业的集聚，从而直接推动新型城镇化建设。在技术上，利用 RapidEye 多光谱遥感影像数据分析、DEM 建模、地理信息技术等新技术手段，为规划提供科学依据。

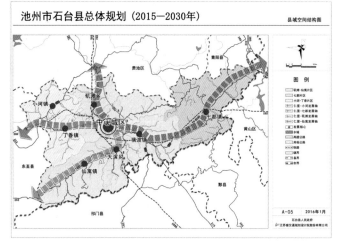

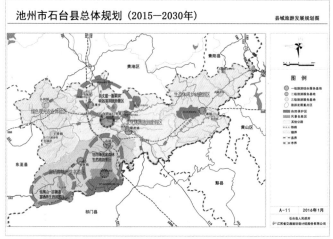

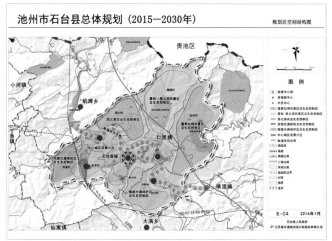

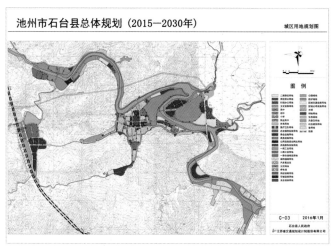

铜陵市"多规合一"规划

The Multiple Planning Integration of Tongling City

项目负责人	刘友胜　钱业宏
主要参与人员	胡长江　江波　梁继祥　薛飞　王奇彪　顾小玲　纪秀丽　江青龙　刘玉磊
项目设计单位	安徽中汇规划勘测设计研究院有限公司
项目规模	1113 km^2
项目时间	2017 年

　　铜陵市"多规合一"规划包括"多规合一"一张图编制与数据库建设、"多规合一"信息平台建设两项任务。规划编制以大数据信息为基础，采用迭代优化的技术手法，分三个层次对用地布局进行差异协调，构建城乡发展统一蓝图，实现发展"目标"、国土"指标"与规划"坐标"的有机衔接。结合"放管服"改革要求，按照改"串联"审批为"并联"审批的思路优化项目审批流程，强化"多规合一"信息系统与城市其他信息系统(智慧城市系统、权力清单系统和"多规"部门信息系统)的衔接，实现"多规"高效协同管理。

　　铜陵市"多规合一"于 2016 年 6 月正式上线运行，试点经验被安徽省政府要求在全省中小城市推广。规划项目获 2017 年度安徽省优秀城乡规划设计一等奖。

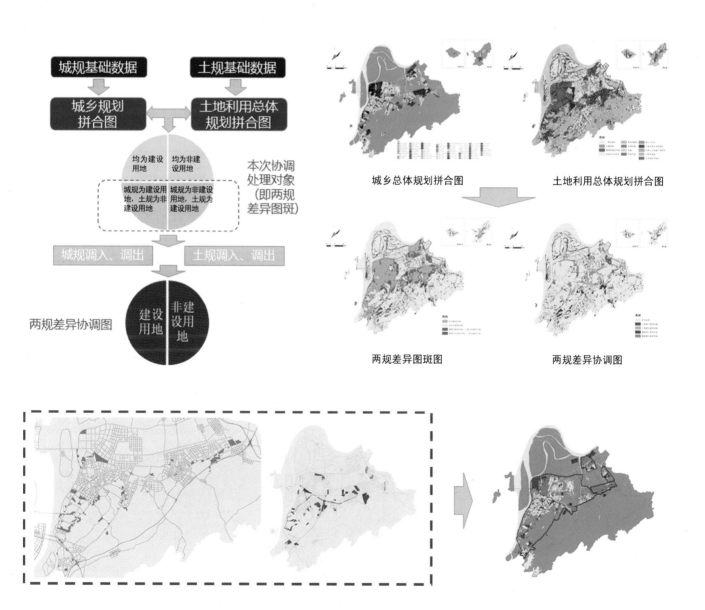

城乡总体规划拼合图　　　　　土地利用总体规划拼合图

两规差异协调图　　　　两规差异图斑图　　　　两规差异协调图

钟鸣镇龙潭肖村美丽乡村建设规划
The Beautiful Village Construction Planning of Longtanxiao Village, Zhongming Town

项目负责人　　程堂明　吴艮
主要参与人员　卢凯　　陶冠军　马玉杰　韩守江
项目设计单位　安徽省城建设计研究总院有限公司
项目规模　　　11.0 hm²
项目时间　　　2016 年

　　规划通过延续传统村庄肌理，加强历史建筑保护，保护非物质文化遗产，延承传统村落之美，建设特色型美丽乡村。通过完善公共服务设施，提升基础服务设施，加强村庄环境整治，提高村庄防护灾害的能力，夯实美丽家园之基，建设宜居型美丽乡村。通过推动产业转型升级，发展新型业态，借助媒体力量，建立村庄旅游品牌，探索持续发展之路，建设乐业型美丽乡村。此外规划建立了以村民为主导，政府、规划师、建设单位、专家和媒体等多主体参与的模式，保障村民全程、深度参与，创新公众参与之法，建设有序型美丽乡村。规划实施后，引来《漂亮的房子》节目组，进入村落拍摄节目，引发旅游新热潮。

　　本项目获得 2017 年度安徽省优秀城乡规划设计一等奖。

总体鸟瞰图

近期建设项目空间布局图

村庄实景图

龙潭肖村周边环境整治

《漂亮的房子》节目组改造的房子

龙潭肖村景观效果图

入口景观

采煤塌陷区综合治理利用世行贷款项目可行性研究报告

Feasibility Study Report of World Bank Loan Project for Comprehensive Treatment and Utilization of Coal Mining

project负责人 程堂明 吴艮

项目负责人　　程堂明　吴艮
主要参与人员　陶冠军　花弦　熊振长　方庚明　张弛
项目设计单位　安徽省城建设计研究总院股份有限公司
项目规模　　　9.6 km²
项目时间　　　2014 年

　　根据国家发改委下发的我国世界银行贷款 2013—2015 财年备选项目规划，其中淮南市申报的"安徽淮南采煤塌陷区综合治理"项目列入世行贷款 2013—2015 财年项目规划新增备选项目清单，获得世行贷款 1 亿美元，项目主要涵盖采煤塌陷区环境生态修复、公共基础设施建设和农业生产基础建设等。

　　采煤塌陷区综合治理是淮南目前最大的民生工程，通过该项目的实施，改变采煤塌陷区生态环境恶劣的现状，解决塌陷区居民和周边农民的就业问题，提高塌陷区居民和周边农民的收入水平，因地制宜地构建和恢复宜居的生态环境，为资源型城市的经济转型和可持续发展探索出一种新的发展模式，同时，项目充分结合国土空间规划发展要求，明确了区域三生空间及发展底线，项目的实施将对资源型城市产业转型和可持续发展具有重要而深远的示范意义。

　　本项目内容中包括三大子项：（1）环境修复与水环境治理（由环境修复、水环境治理、大通老垃圾场封场三项内容组成）；（2）基础设施改善和项目区域开发利用（由区域基础设施建设和区域土地开发利用两项内容组成）；（3）项目管理与技术支持（由项目管理和技术支持两项内容组成）。

　　本项目获得 2015 年度安徽省优秀工程咨询成果奖一等奖。

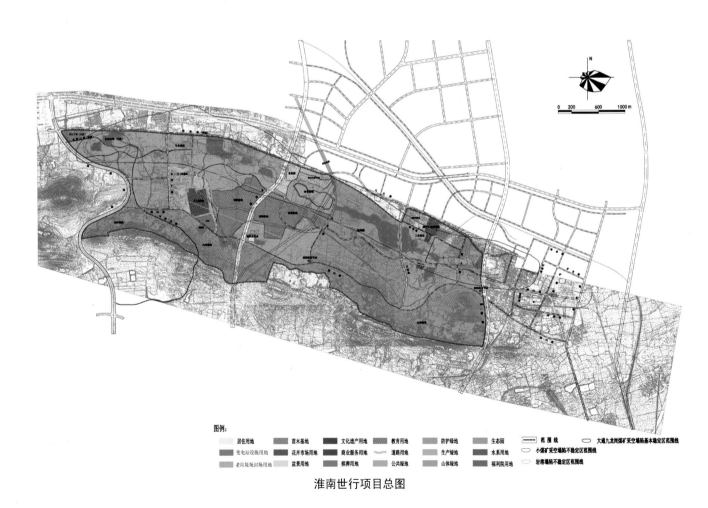

淮南世行项目总图

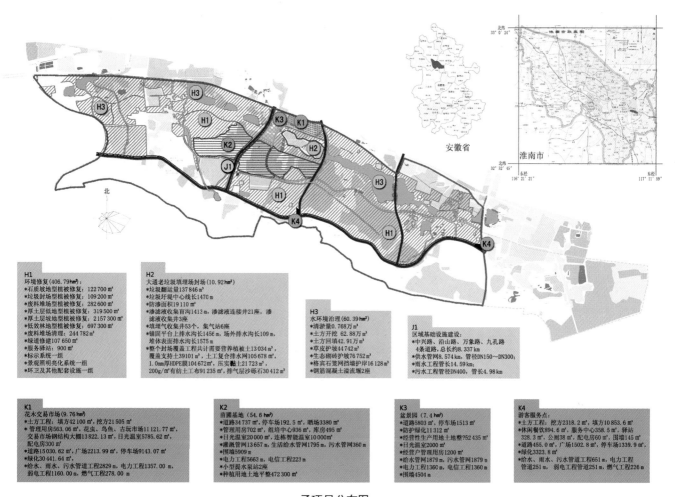

安徽省

淮南市

H1
环境修复 (406.79 hm²)
*石质坡地型植被修复: 122 700 m³
*垃圾封场型植被修复: 109 200 m³
*废料堆场型植被修复: 282 600 m³
*厚土层低地型植被修复: 319 500 m³
*厚土层坡地型植被修复: 2 157 300 m³
*低效林地型植被修复: 697 300 m³
*废料堆场清理: 244 782 m³
*绿道修建 107 650 m²
*服务驿站: 900 m²
*标示系统一组
*景观照明亮化系统一组
*环卫及其他配套设施一组

H2
大通老垃圾填埋场封场 (10.92 hm²)
*垃圾翻运量 137 846 m³
*垃圾坝堤中心线长 1470 m
*防渗面积 19 110 m²
*渗滤液收集盲沟 1413 m, 渗滤液连接井 21座, 渗滤液收集井 3座
*填埋气收集井 53个, 集气站 6座
*锚固平台 1片排水沟长 1456 m, 场外排水沟长 109 m, 堆体表面排水沟长 1575 m
*整个封场覆盖工程共计需要营养植被土 13 034 m³, 覆盖支持土 39101 m³, 土工合排水网 105 678 m², 1.0mm厚HDPE膜 104 672 m², 压实黏土 21 723 m³, 200g/m²有纺土工布 91 235 m², 排气层沙砾石 30 412 m³

H3
水环境治理 (60.39 hm²)
*清淤量 0.768万 m³
*土方开挖 62.88万 m³
*土方回填 42.91万 m³
*草皮护坡 44 742 m²
*生态砌砖护坡 76 752 m²
*格宾石笼挡墙护岸 16 128 m³
*钢筋混凝土溢流堰 2座

J1
区域基础设施建设
*中兴路、沿山路、万象路、九孔路 4条道路, 总长约 8.337 km
*供水管网 8.574 km, 管径DN150~DN300;
*雨水工程管长 14.59 km
*污水工程管径DN400, 管长 4.98 km

K1
花木交易市场 (9.76 hm²)
*土方工程: 填方 42 100 m³, 挖方 21 505 m³
*管理用房 563.06 m², 花虫、鸟鱼、古玩市场 11 121.77 m², 交易市场钢结构大棚 13 822.13 m², 日光温室 5785.62 m², 配电房 300 m²
*道路 15 030.62 m², 广场 2213.99 m², 停车场 9143.07 m²
*绿化 30 441.64 m²
*给水、雨水、污水管道工程 2829 m, 电力工程 1357.00 m, 弱电工程 1160.00 m, 燃气工程 278.00 m

K2
苗圃基地 (54.6 hm²)
*道路 34 737 m², 停车场 192.5 m², 晒场 3380 m²
*管理用房 702 m², 组培中心 936 m², 库房 495 m²
*日光温室 20 000 m², 连栋智能温室 10 000 m²
*灌溉管网 13 657 m, 生活给水管网 1795 m, 污水管网 360 m
*围墙 5909 m
*电力工程 5663 m, 电信工程 223 m
*小型提水泵站 2座
*种植用地土地平整 472 300 m²

K3
盆景园 (7.4 hm²)
*道路 5803 m², 停车场 1513 m²
*防护绿化 11 312 m²
*经营性生产用地土地整 752 435 m²
*日光温室 2000 m²
*经营户管理用房 1200 m²
*给水管网 1879 m, 污水管网 1879 m
*电力工程 1360 m, 电信工程 1360 m
*围墙 4504 m

K4
游客服务点
*土方工程: 挖方 2318.2 m³, 填方 10 853.6 m³
*休闲餐饮 894.6 m², 服务中心 358.5 m², 驿站 328.3 m², 公厕 38 m², 配电房 60 m², 围墙 145 m²
*道路 455.0 m², 广场 1502.8 m², 停车场 1339.9 m²
*绿化 3323.8 m²
*给水、雨水、污水管道工程 651 m, 电力工程管道 251 m, 弱电工程管道 251 m, 燃气工程 226 m

子项目分布图

整治前后对比照片

芜湖县老城区城市设计

Urban Design of Old City Block in Wuhu County

项目负责人　　　吴军
主要参与人员　　刘瑞　杨剑雄　游士彪
项目设计单位　　安徽省建筑设计研究总院股份有限公司
项目规模　　　　392 hm^2
项目时间　　　　2018 年

　　芜湖县老城区西临青弋江，东依东湖公园，北拥乌凤滩公园，南抱罗福湖公园，形成"一江三园，绿水成环"的生态格局。老城内现状建筑密度偏高，道路较拥堵，缺乏开敞空间，居住环境一般。城区西北角有一座古城楼，可远眺青弋江，内部另有三处历史建筑，人文特色显著。

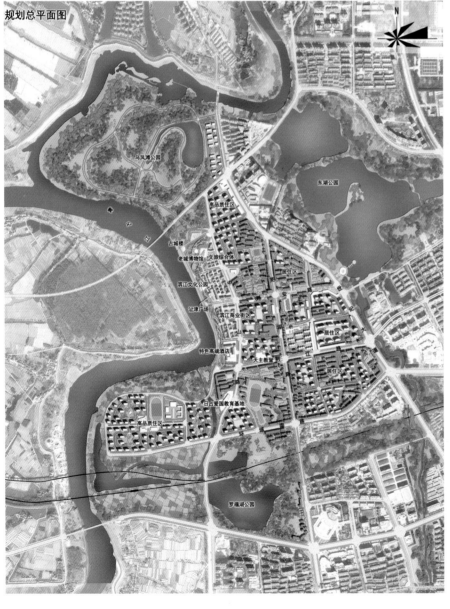

规划总平面图

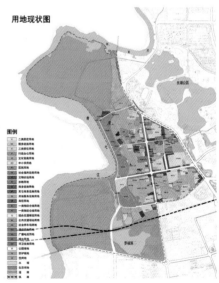

用地现状图

本次设计秉承"看得见山、望得见水、记得住乡愁"的主旨思想，核心目的为解决老城发展出现的结构性失衡与功能性衰退问题，对老城区的生态环境、江城关系、文脉特色、交通组织、休闲宜居予以重点考虑。围绕"绿环湾沚、宜居江城"的设计目标，采取生态优先、复合生长、文脉活化、交通畅达、设施完善等策略，将老城区打造成为绿色生态的共享客厅、文化记忆的湾沚老家、高端品质的梦想家园。

绿环湾沚 · 宜居江城

文化记忆的湾沚老家

高端品质的梦想家园

海南海口鸿洲新城修建性详细规划

Constructive Detailed Planning of Haikou Hongzhou New Town in Hainan

项目负责人	李军
主要参与人员	黄雪晴　杨帆
项目设计单位	深圳市易建建筑设计有限公司
项目规模	占地 467 hm²，总建筑面积 172 万 m²
项目时间	2010 年

江苏镇江大港旌德里历史街区概念规划

Concept Planning of Dagang Jingdeli Historical District, Zhenjiang City, Jiangsu

项目负责人　　　黄龙　　黄勇
主要参与人员　　许航建　孙健
项目设计单位　　理想空间设计创意有限公司
项目规模　　　　6.3 hm²
项目时间　　　　2017 年

　　旌德里位于镇江市镇江新区中心区，是宁镇地区东乡文化的集中代表区域。随着城市建设的快速发展，旌德里和众多的传统街区一样面临着被推倒重建的命运。为保护镇江新区中心区内最后一块延续东乡文化的空间载体，本规划采用微更新的方式，从遗产保护、空间建构、文化再造和风貌重塑四个维度，在保护的基础上策划项目，在保留原住民的基础上，依托在地文化，突出民俗体验和文创游学功能，形成具有浓郁地方特色的地方文化传承地和文旅休闲目的地。

安徽省临泉田家炳师范学校新校区规划

Planning of Tianjiabing Normal School New District in Linquan, Anhui Province

项目负责人	梅钊
主要参与人员	杨晓清
项目设计单位	阜阳市城乡规划设计研究院
项目规模	11.8 hm²
项目时间	2004 年

　　高等学校校园是一个传授知识、培养学生素质、提高学生修养的场所，规划采用中轴对称的布局形式，以教学区和中心绿地为核心，其他功能区围绕其布局，同时结合自然条件将园林绿地融入各功能区之中，形成富有生机的中心绿地结构模式，从而使校园主体绿化空间由核心区渗透至各功能区，并通过滨河绿色廊道与大环境融为一体，既注重了校园的环境塑造，又考虑了与外界环境的交融，营造一所既具有传统文化内涵又具有时代气息的新型校园。

教学楼透视图

食堂透视图

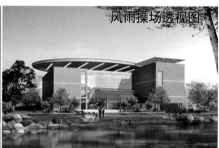

风雨操场透视图

总体鸟瞰图

安徽省临泉田家炳师范学校新校区规划

安庆市圆梦新区总体概念规划及重点地段城市设计

Conceptual Planning and Urban Design of the Key Districts in the Dream New Area, Anqing

项目主持	沈向阳　华益
主要参与人员	曹媛媛　高龙生　王海燕　肖秋云　钱诚
项目设计单位	安庆市城乡规划设计院　苏州工业园区规划设计研究院有限公司
项目规模	2244 hm²
项目时间	2019 年

　　圆梦新区为安庆经济技术开发区拓展区，定位为"滨江山水产业新城、生态绿色智造基地、长江中游枢纽门户、泛长三角保税示范区，聚力打造新能源汽车及零部件生产、智能装备制造业两个千亿级战略性新兴产业基地，形成智能智造、国际贸易、现代物流、体验经济、文化旅游、综合服务六大产业。

　　规划建设"综合功能核心、生态核心、东部商务核心、报税物流核心"四大核心，形成"新城建设区、产城融合区、临港产业区"三大功能片区。按照生态优先的理念构建以秦潭湖、张湖、泉潭峡为景观主核多层次的文化、休闲、生态的城市绿化体系空间，按照产城融合理念布局 GAD 中央活力中心区、CWD 中央商业文化区、BGD 张湖生态综合功能区以及工业服务中心、邻里中心、保税服务中心等体系完整的公共服务设施，按照港城联动的思路规划便捷高效的交通网络。

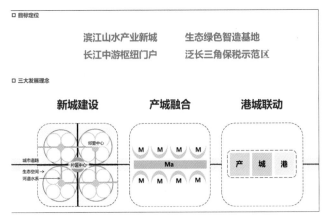

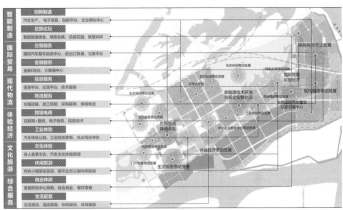

怀远县城总体城市设计

Comprehensive Urban Design for Huaiyuan

项目负责人	汪坚强
主要参与人员	邓翔宇　郑善文　刘佳燕　刘硕　蔡畅　王智　刘雅芳　等
项目设计单位	北京工业大学　北京汉通建筑规划设计顾问有限公司
项目规模	50 km²
项目时间	2016 年

　　通过对怀远自然环境、地域文化、社会经济、现状建设等深入研究，分析怀远在城市空间环境、城市风貌与特色塑造等方面存在的主要问题；运用城市设计理论，在借鉴优秀案例的基础上，发掘怀远城市空间特色塑造和环境品质提升的核心要素；研究确定怀远城市特色定位和总体城市设计目标，提出适宜的城市设计策略，并具体对怀远县城整体空间结构和形态、重要地区的空间环境等进行设计。该项目曾获 2017 年度安徽省优秀城乡规划设计二等奖。

怀远县城市特色定位：皖北江南、涡淮名郡、禹王圣迹、石榴之都

● 皖北江南：怀远地处皖北、淮河之畔，城市依山傍水，既有皖北的壮阔，又有江南的秀美。

● 涡淮名郡：怀远古称涂山氏国，县城始建于元代，涡、淮河在此交汇，素有"淮上明珠"的美誉。

● 禹王胜迹：大禹治水、会盟诸侯、劈山导淮、三过家门而不入等禹文化已深刻融入怀远城市之中。

● 石榴之都：怀远自唐代开始种植石榴，至今已有千年，每逢春季，荆涂二山万树榴花红似火，已成为城市代言。

怀远涡、淮河交汇口鸟瞰

怀远城市空间特色结构

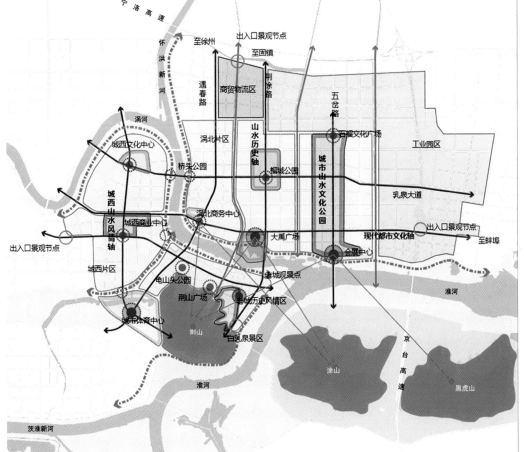

045

枞阳县城综合交通规划 (2016—2030)

Comprehensive Traffic Planning of Zongyang County (2016–2030)

项目负责人 汪坚强

主要参与人员 曹玉 方芳 汤静融 阮晨

审核   吴叶茂

审定   朱义奎

项目设计单位 安徽省交通规划设计研究总院股份有限公司

项目规模   1808.1 km²

项目时间   2016 年

  枞阳县为安徽省铜陵市辖县，地处安徽省中南部，长江下游北岸，大别山之东南麓，东与铜陵市区接壤，西与桐城市共水，西南一隅与安庆市区毗邻，北与无为市、庐江县接壤，南与池州市贵池区隔江相望。

  2018 年，经安徽省政府批准，安徽省民政厅下发了《关于同意枞阳县与铜陵市郊区部分行政区划调整的函》，调整将枞阳县老洲镇、陈瑶湖镇、周潭镇划归铜陵市郊区管辖。通过编制科学、合理并具有前瞻性和可操作性的综合交通规划，建立安全、便捷、高效、清洁、经济的城市交通系统；实现综合交通公路、水路、铁路运输一体化，城乡交通一体化，县域内外交通一体化，有效支撑经济社会高质量发展。

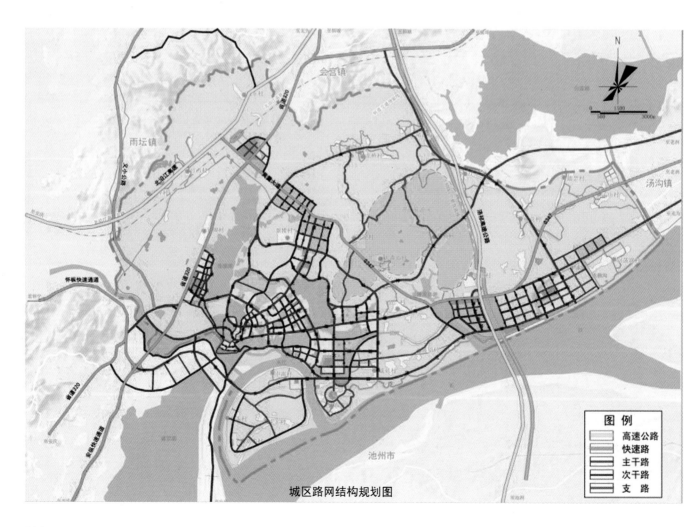

城区路网结构规划图

图　例
- 高速公路
- 快速路
- 主干路
- 次干路
- 支　路

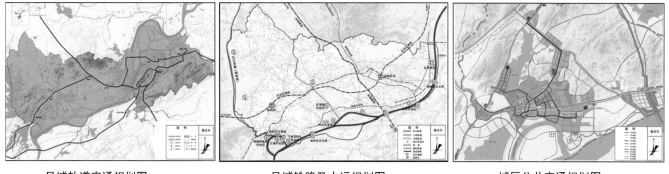

县域轨道交通规划图 县域铁路及水运规划图 城区公共交通规划图

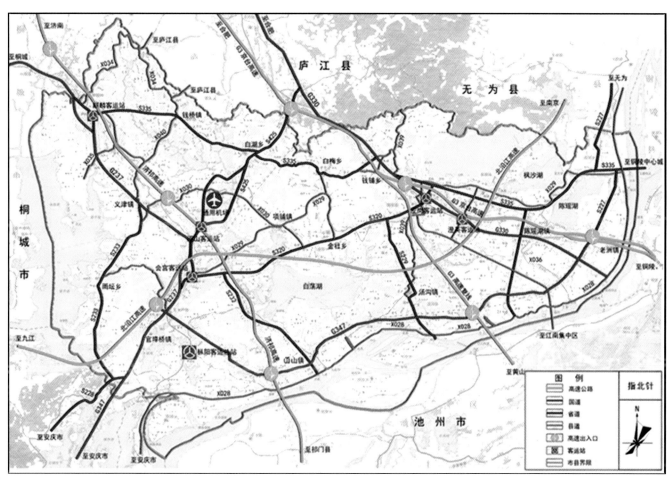

县域公路网规划图

城区非机动车网络规划图 城区客运场站、物流中心规划图 城区慢行休闲网络规划图

黄山市城市总体规划（2008—2030 年）

Overall Urban Planning of Huangshan City (2008–2030)

项目负责人　　刘复友　　徐涛松
参与人员　　　张卫华　　倪振东
项目单位　　　安徽省城乡规划设计研究院
项目规模　　　市域 9807 km²，规划区 588 km²，中心城区 70 km²，
　　　　　　　甘棠城区 15 km²
项目时间　　　2008 年

　　规划以存在问题为导向，发展目标为框架，筹划策略、规划布局，注重重点问题研究。明确城市定位，强化中心城市的职能，制定城市发展目标与战略；强化城市空间形态变迁的研究，预测城市形态未来演变的趋势；确定城市空间结构以及各功能分区的功能定位，合理进行城市用地布局；规划处理城市内外交通，构建方便快捷的综合交通体系；规划注重"黄山现代化国际旅游城市"特色，突出自然与历史文化遗产保护规划以及城市生态格局。

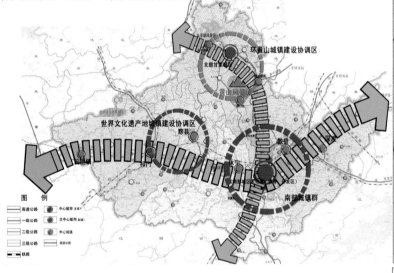

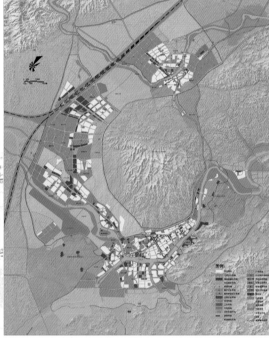

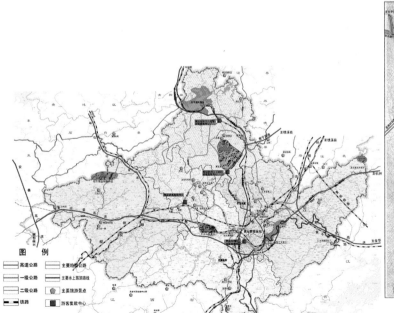

桐城市城市总体规划（2013—2030 年）

Overall Urban Planning of Tongcheng City (2013–2030)

项目负责人　　张卫华　　郑军　　许后胜
参与人员　　　倪振东　　孙竹
项目单位　　　安徽省城乡规划设计研究院
项目规模　　　市域 1552 km²，规划区 165 km²，中心城区 42 km²
项目时间　　　2013 年

　　规划确定整体发展目标和框架，适应桐城市产业结构调整、空间结构重构、基础设施完善、城市生态环境优化等要求，对规划范围的建设用地进行有效控制和积极引导。

　　规划重点落实包括区域关系、功能定位、城市规模、镇村体系规划、规划区规划和中心城区规划等六个方面。

　　规划提出"一主一副一区＋若干农村服务社区"的市域城乡空间布局；以及提出"三心五片、两轴三廊"的城区空间结构。

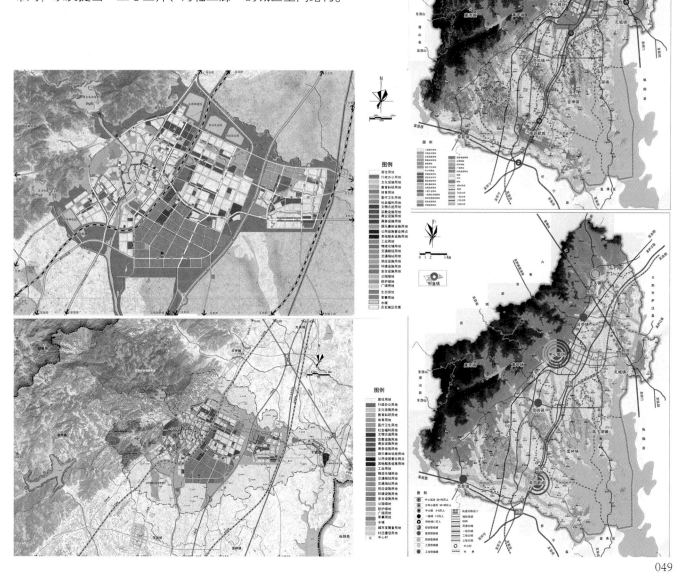

郑汴新区空间发展战略规划
Zhengbian New District Spatial Strategic Plan

项目负责人　　叶祖达　　高昊
参与人员　　　顾克　　王静懿
项目设计单位　ARUP 奥雅纳工程咨询（上海）有限公司
项目规模　　　2100 km²
项目时间　　　2009 年

第一，我们提出的规划方案没有局限于郑州市和开封市这 2100 km² 范围内，而是从它所在的中原城市群这个区域的层面来考虑这一超大尺度新区的发展。

第二，我们做了大量的调研和基础研究，这些研究包括地形地貌、生态环境、经济产业、交通等诸多方面，还有与这个区域发展相关的原有规划、政策等，为规划的科学性和可行性打下了好的基础。

第三，郑汴新区规划总面积 2100 km²，一次性发展这么大规模的新区，其可行性如何？我们一开始就认为，必须先弄清楚郑汴新区的适宜城市建设用地规模和人口规模是多大。在战略规划中，以制约城市未来发展的土地资源和水资源承载力分析为切入点，来保证未来郑汴新区发展的生态安全，郑汴新区提出了一个适宜的城市发展规模，以确保在这个规模之下，城市的发展不会超出自身的承载力。

第四，我们提出了生态安全、产业协同、城乡统筹和资源节约四项战略，每个战略有切实可行的内容支持我们的空间发展方案，共同实现"复合型城区"这样一个发展目标。

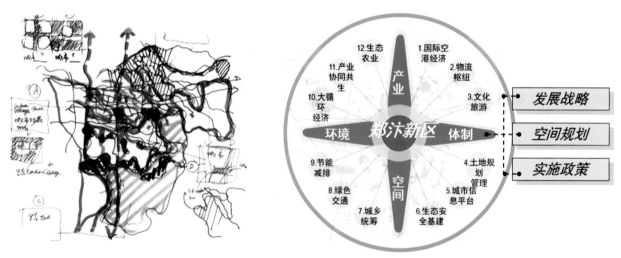

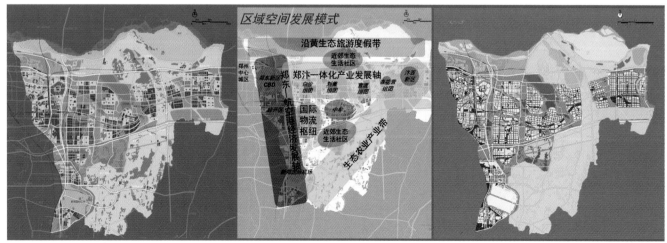

安徽省阜阳市颍上县城总体规划（2015—2030 年）

Overall Planning of Yingshang County, Fuyang City, Anhui Province (2015–2030)

项目审定人　　　胡厚国
项目负责人　　　奚星伍
参与人员　　　　丁楠　吴珊　李晋　韩添　汪耀　陶雨薇
项目单位　　　　安徽省城乡规划设计研究院
项目规模　　　　城区 60 km^2

1. 城市性质：安徽省重要的能源化工基地组成部分，皖北生态旅游城市。

2. 城市规模：规划至 2020 年，城市人口 35 万人，城市用地规模 38 km^2；规划至 2030 年，城市人口 55 万人，城市用地规模 55 km^2。

3. 总体发展战略：围绕"全市排头兵、皖北创一流、全省争先进、同步达小康"的奋斗目标，坚持不懈推进"产城一体、五化协调"发展战略，着力推进工业强县崛起、现代农业兴县富民、生态旅游引领皖北和五城同创发展策略，走以人为本、节约集约、绿色低碳为核心特征的新型城镇化道路，加强生态保护和文化传承，优化空间布局，提升城镇品质，推进城乡发展一体化，将颍上规划建设成为煤电化工城、生态示范区、平原旅游县。

4. 城镇化发展战略：强化核心——积极壮大中心城市；培育中心镇——迪沟镇、谢桥镇、八里河镇、六十铺镇；城乡统筹——大力推进城乡公共服务均等化和基础设施共建共享；形成产业集群——统筹县域内城镇布局和产业布局。

5. 生态环境保护战略

（1）加强生态网络建设；（2）加强资源节约、集约利用；

（3）加强污染总量控制与环境设施建设；（4）建设生态文明，实现人与自然和谐发展。

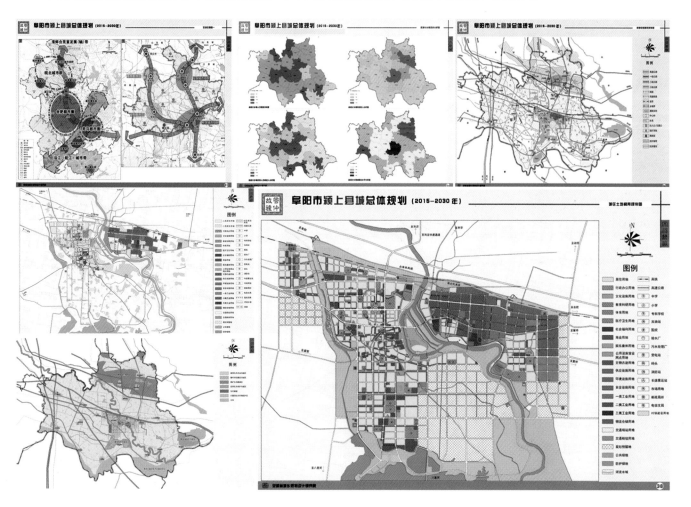

金华多湖中央商务区核心区城市设计

Urban Design for Duohu Central Business District of Jinhua City

项目负责人	刘胜祥　郭洁
参与人员	何伟国　刘琦　陈晓夏　张莉沙
项目设计单位	金华市城市规划设计院　AECOM 公司
项目规模	678 hm²
项目时间	2015 年

　　金华多湖中央商务区位于城市一环内,也是城市核心区内唯一尚处于初步开发阶段的片区,政府对其发展寄予厚望,该片区将承担引领未来城市发展的重要使命。

　　设计方案以燕尾洲为中心,形成沿义乌江和武义江两条滨江绿带,内部呈倒"C"字形的开放空间体系。通过"总部经济中心""地区金融服务中心""城市商务创意中心"和"科技文化中心"建设,最终成为"三江都汇 · 明日金华"城市新型CBD,并致力于将片区打造成积淀深厚的繁华故地,锐意进取的活力新区、秀外慧中的生态城市、引领未来的城市名片。

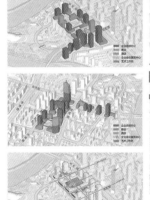

龙川国家级风景名胜区总体规划

Master Plan of Longchuan National Scenic Spot

项目负责人　　毕启东
参与人员　　　吴于勤　温涛　徐婧婧　吴轶寒　姚如娟
编制单位　　　安徽省城乡规划设计研究院
项目规模　　　266 hm²
项目时间　　　2018 年

　　龙川,皖南绩溪县胡姓聚集而居的古村落,已有 1600 余年的历史。龙川风景名胜区内既有"江南第一祠"的胡氏宗祠,素有 "木雕艺术博物馆" 和 "民族艺术殿堂" 之美称;又有千回百转的古廊桥,千娇百媚的水街,三江汇流的园林水口;还有徽派石雕之最的奕世尚书坊。人文景观与自然景观珠联璧合,浑然天成。其景源特色为:灵山、秀水、古道、文人、古迹。规划定性为以悠久的历史文化与丰富的自然景观为特色,适宜进行科普、游览观光、休闲养生活动的山岳型国家级风景名胜区。规划立足保护,保护其自然及人文核心景点,划定一级保护区 (核心景区);立足利用,规划形成旅游镇 2 处、旅游村 2 处、旅游点 2 处、服务部 1 处的 "2221" 的旅游服务设施结构。经预测,规划期末游客规模将达到 400 万人次 / 年。《龙川风景名胜区总体规划大纲》获第三届全国优秀风景园林规划设计三等奖。

龙川村

伟人石

胡氏宗祠

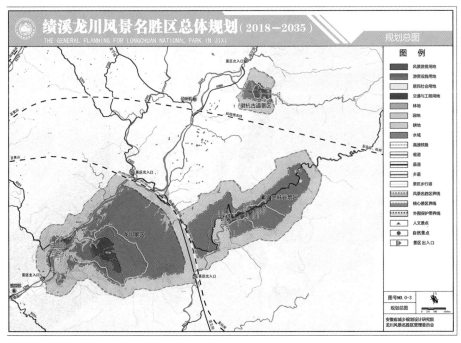

徽杭古道

中德智造协同创新小镇
Sino-German Innovation Town

项目负责人　　董义雷　　张宁
参与人员　　　章衍　　严昊宇　　逯家桥
项目设计单位　安徽省建筑设计研究总院股份有限公司
项目规模　　　12.5 km²
项目时间　　　2018 年

　　中德智慧产业园核心区，雄踞合肥空港新城东部中心区域，面积 12.5 km²。规划以中德经济合作为项目背景，努力以中德智慧产业园核心区的建设为引领，将合肥空港新城建设成为长三角中西部全球产业合作的关键性节点。

　　未来这里将成为徽皖产业智脑，中德协同核心，宜居国际社区。产业先导、江淮特色和国际水准是此次规划的三大设计理念。

■ 核心区总体鸟瞰图

054

中国（海南）自由贸易试验区海口江东新区概念规划方案

Conceptual plan of Haikou Jiangdong New District, Hainan Free Trade Port (China)

项目负责人	符之文	陈思中	谭丽萍
参与人员	苏斌	李向宇	张玲玲
项目规模	298 km^2		
项目时间	2018 年		

　　本项目为国际竞标项目，规划立足于黄金商务航线战略，以吸引高端人才为目标，以打造立体交通枢纽为重点，构建"临空＋自贸产业生态圈"，形成人港产城融合发展区。

　　规划以港港联动建设国际立体交通新枢纽,港产联动建设南海创新经济新引擎,港城联动建设中国自由贸易新都市。

　　空间上形成"三区、一中心"的空间格局，即全面深化改革开放试验区、国家生态文明试验区、国家重大战略服务保障区、国际旅游消费中心。

合肥市城市基本公共服务设施专项规划
Special Plan of Basic Public Service Facility in Hefei

项目负责人　　　吴亚伟
参与人员　　　　代晓辉
项目设计单位　　合肥市规划设计研究院
项目规模　　　　1345 km²
项目时间　　　　2015 年

　　构建市（省）、县区、街道、社居委四级配置体系；确定与长三角世界级城市群副中心相适应的城市基本公共服务设施配置标准；以项目为抓手，与增量资源共建共享，制定了今后一段时期内合肥市基本公共服务设施建设的具体任务，对于全面提高合肥市城市基本公共服务水平具有重要意义和作用。

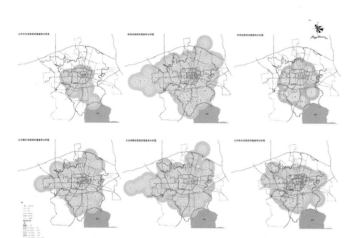

合淮同城化总体规划（2008—2020 年）

Overall Planning for the Integration of Hefei City and Huainan City (2008–2020)

项目负责人　　　吴亚伟
参与人员　　　　代晓辉
项目设计单位　　合肥市规划设计研究院
项目规模　　　　1.35 万 km²
项目时间　　　　2008 年

　　提出"一轴双廊、南北双城、相向拓展"的一体化发展构想。以空间融合为重点，构建"一心两湖、两区四带、多廊多点"的区域生态安全格局；以产业培育为根本，建立"关联互动、分工互补"的现代化产业体系；以交通一体化为抓手，重点形成"3+1+3"陆路联系通道；并在生态建设、支撑体系、社会事务、边界协调地区等方面制定了一体化发展的具体行动指引。

深圳市西部活力海岸带西湾片区景观规划

Landscape Planning of Xiwan Area in the Western Dynamic Coastal Zone of Shenzhen

项目负责人	王招林　李颖怡
参与人员	杨和平　张骞　杨维佳　黄宏喜　肖祎芃
项目设计单位	深圳市北林苑景观及建筑规划设计院有限公司
项目规模	1440 hm²
项目时间	2016 年

　　西部活力海岸带西湾片区是深圳市"四带六廊"生态安全格局的西部沿海—深圳河生态廊道上的重要廊道，联结铁岗森林公园、凤凰山、阳台山区域山林生态系统与珠江口生态系统于江海交汇处，在深圳自然生态网络格局中具有重要战略意义。通过对湾区空间界面、红树林生态环境、土地整备开发、交通网络衔接的解读认识，规划提出红树海绵、海港门户、碧海绿廊和灰色设施再利用四大策略，描绘深圳西部湾区滨海风情的"清明上河图"。

图例：

01 水岸茶吧		
02 商业街		
03 入口天桥		
04 游客中心		
05 海螺广场		
06 极限运动公园		
07 海绵花园		
08 自然讲堂		
09 运动公园		
10 草地剧场		
11 湿地博物馆		
12 西堤露台		
13 西湾红树林一期	32 碧海眺台	
14 停车场	33 蚝壳海堤	
15 红树绿岛	34 海岸湿地	
16 滨海栈道	35 艺术海岸	
17 舢板码头	36 运动岸线	
18 客运码头	37 城市综合体	
19 游艇码头服务建筑	38 渔村文化博物馆	
20 潮汐湿地	39 创意街区	
21 固戍码头公园	40 会议中心与美术馆	
22 河口净水湿地	41 海洋博物馆	
23 野餐地	42 桅杆广场	
24 碧海公园	43 灯塔码头	
25 海月剧场	44 渔港街市	
26 海之舞步道	45 红树浮岛	
27 红树观测区	46 港区绿道	
28 港城公园	47 红树绿湾	
29 观海台	48 河口红树滩	
30 创客之家	49 桥下生态公园	
31 智慧展园	50 午间餐吧	

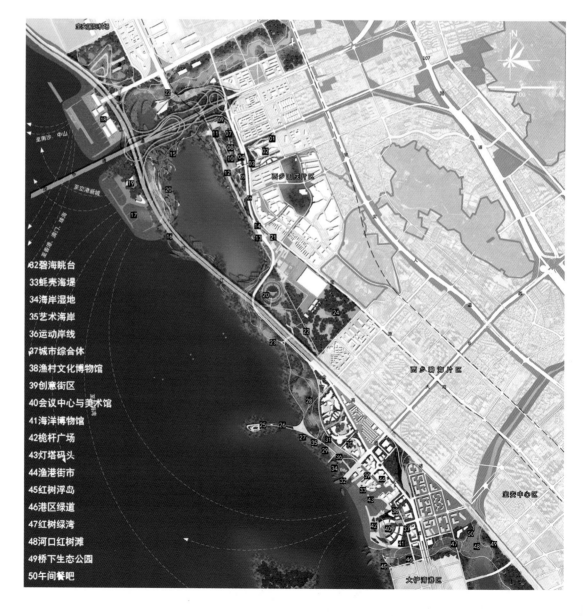

河北省环首都绿色经济圈绿道网总体规划

Greenway Network's Master Plan of the Eco-economy Circle Surrounding Capital in Hebei Province

项目负责人	王招林
参与人员	杨春梅　庄荣　张莎　夏兵　胡靖　刘苏
项目设计单位	深圳市北林苑景观及建筑规划设计院有限公司
项目规模	约 3 万 km²
项目时间	2011 年

　　河北省环临渤海、拱卫京津，贴近国家政治和文化中心，地位十分重要，境内燕赵历史悠久，文化底蕴深厚，自然条件优越，名胜古迹众多，平原、湖泊、丘陵、山地、高原地貌复杂多样。2010 年，河北省省委省政府出台《关于加快河北省环首都经济圈产业发展的实施意见》，确立区域发展时间表和路线图，加快环首都地区发展驶上快车道。通过环首都绿道网规划建设，呼应京津冀都市圈区域规划，在北京周边率先构建融合环保、运动、休闲和旅游等功能于一体的绿道网络体系，改善生态环境、普及生态理念、促进城乡交流、增加居民就业、提高居民生活品质、促进经济转型发展。

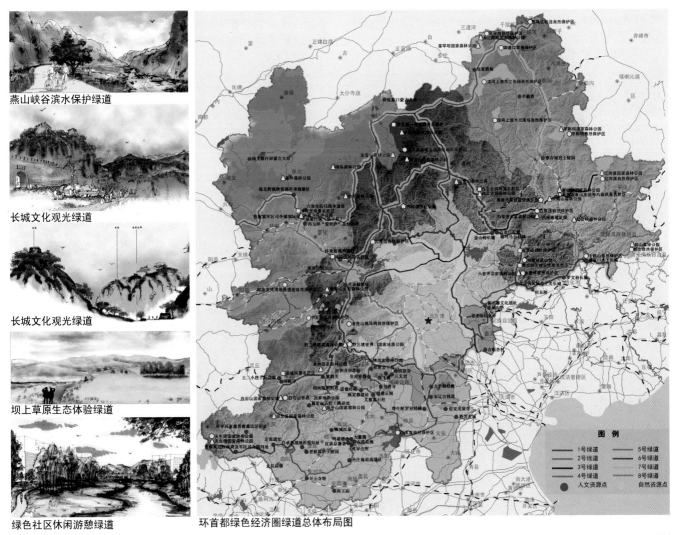

燕山峡谷滨水保护绿道

长城文化观光绿道

长城文化观光绿道

坝上草原生态体验绿道

绿色社区休闲游憩绿道

环首都绿色经济圈绿道总体布局图

青岛东方影都秀场
Oriental Movie Metropolis Show Theater in Qingdao

项目负责人	高山兴　常琦	
参与人员	温一康　阎凯	
项目设计单位	华凯建筑设计（上海）有限公司	
项目规模	21 500 m²	
项目时间	2019 年	

1	大厅	8	功放室
2	零售部	9	户外露台
3	观众席	10	深水池
4	VIP 休息室	11	浅水池
5	控制室	12	天桥
6	更衣室	13	棚顶
7	热身室		

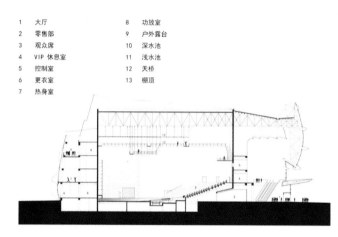

随着建筑面积 2.15 万 m²，拥有 1480 座的东方影都秀场的建成使用，珠联璧合的"双螺"得以在青岛灵山湾边、星光岛侧完整呈现。

"心向在地自然，回应当下时代"是秀场建筑形式美学创造的初始灵感与基本原则。华凯建筑更为娴熟地运用参数化建构设计工具，将在地性的环境感知、定制的表演功能和建筑材料塑形潜力系统捏合，将自组织的表皮造型不断优化，对有序复杂而又充满优雅感的当代美学原则进行了完美再现，并且通过差异性渐变的流动感回应了信息化时代时空极度压缩、急速流动的状态，曲线流畅的形式语言暗含多层级的隐喻符号。

青岛东方影都秀场
Oriental Movie Metropolis Show Theater in Qingdao

极度抽象的外观造型在消解单一文化或功能评价的同时，赋予秀场建筑更为多元的解码可能。不同视角的观感各异，比如隐喻马戏开场徐徐拉开的猩红大幕，抑或象征滨海都市着力前行的滚滚鼓帆，乃至呼应齐鲁大地文明礼数的款款礼揖。

1

2

1　秀场夜景

2　极具动感的立面造型

3　夜幕下秀场东南立面

3

内蒙古少数民族群众文化体育运动中心一期工程

First Phase of Inner Mongolia Minority Mass Culture and Sports Center

项目负责人	高瑞麟　李辰
参与人员	何华　　赵博
项目设计单位	中国建筑上海设计研究院有限公司
项目规模	1272 亩
项目时间	2017 年

内蒙古少数民族群众文化体育运动中心作为内蒙古自治区成立 70 周年庆典活动的主会场以及首府重点文化旅游项目，它的呈现为自治区 70 周年迎接各地宾朋前来见证盛大庆典、领略草原风光起到重要作用，同时作为省府近郊区最大旅游聚焦中心，已成为呼和浩特市的新地标。

综合体育建筑群在漫长的人类历史长河当中，承担了民族的城市客厅的角色，其存在的意义不再是竞技运动本身，更是城市文明延伸的精神载体。在经济文化高速发展的当下社会群体性活动中，体育建筑依然延续承载了这些精神属性，人人平等，重在参与；通过参与、交流、拼搏、竞争，达到消除隔阂、忘记仇恨、增进友谊、加强团结的文化内涵，其体验性、参与性更显得弥足宝贵。

主楼入口夜景

主楼入口日景

日景鸟瞰图

内蒙古辽阔的地域风貌、豪迈的民族文化、鲜明的民族特色为本项目的设计提供了方案的创意源泉。草原上的人们把蒙古式摔跤称作"搏克"（结实、团结、持久的意思），它是蒙古族三大运动（摔跤、赛马、射箭）之首，其冠军尊称为雄狮。摔跤手蒙语又称为"搏克沁"，其最具标志性的比赛服饰，蒙古族亲切地称其为"召格德"。本方案以古朴手法，喻搏克精神之名，体现民族性、地域性、现代性，展现阳刚与力量之美，成为凝聚城市精神的图腾。

日景鸟瞰图

项目总占地 1272 亩，总建筑面积 8.19 万 m²。项目主体建筑包含看台楼、多功能楼及亮马圈三大单体，其中看台楼承担大庆庆典、赛事观赏、会议召开等功能；多功能楼设有蒙元文化演艺大厅、射箭馆、马文化博物馆等；亮马圈主要用于国际赛马赛事、大型演艺活动等。

赛马场包含 2200 m 长度的草地赛道，1680 m 长度的沙地赛道。上述双赛道设置可以承接国际标准速度赛马赛事。场地同时具备 10 m 宽的训练道及 6 m 宽的救护车道；赛道下贯穿设置 6 m 宽的应急救援通道，为赛事的有序进行提供了更加全面的赛事保障体系。

日景鸟瞰图

项目设置目前国内规模最大的亮马圈，可容纳赛前亮马观看观众座 2999 个，同时作为国内唯一的室内亮马圈，不仅可以进行国际室内马术表演、场地障碍赛及盛装舞步的赛事承办，而且不受地域气候限制，全年可承接各种赛事及文艺演出活动。

主楼中庭透视图

多功能主楼透视图

日景鸟瞰图

江西上饶灵溪文旅康养小镇项目规划

Planning and Design of Lingxi Town in Shangrao, Jiangxi

项目负责人　　郑骆平　雷以元
参与人员　　　石羽　　李一帆　查思琦
项目设计单位　上海非意规划建筑设计事务所
项目规模　　　1550 亩
项目时间　　　2018 年

　　灵溪文旅康养小镇演绎信州千年历史的沧海桑田璀璨文化和诗意生活。小镇集盛唐文旅街区、文化景观长廊、国际康养中心、国际运动中心四大核心板块，功能多样，配套齐全。小镇目标是打造融养生养老、田园度假、人文体验为一体的域乡一体化示范样板区，成为上饶国际医疗旅游先行区的特色工程，上饶新的田园城市会客厅。

芜湖市城市近期建设规划（2016—2020 年）

Short-term Urban Construction Plan of Wuhu (2016–2020)

项目负责人　　韩昌银
参与人员　　　吴兴文　李珉　杨卿　曹敏　汪洋　陶玉杰　陈庆侠
项目设计单位　中铁城市规划设计研究院
项目规模　　　1413.37 hm²
项目时间　　　2016 年

　　本规划在城市总体规划实施情况进行综合评估的基础上，分析城市问题特征和发展诉求，结合上位相关规划对芜湖的发展要求，确定近期城市建设发展目标，提出发展策略，确定近期城市建设发展合理规模，建立城市建设空间的弹性利用机制，实行城市规划建设用地和建设备用地进行等量置换。结合"多规合一"的工作基础，与城镇开发边界、永久基本农田、"十三五"规划、生态保护红线等紧密结合，确定城市空间发展方向、重点区域及用地布局，引导城市建设资源进行重点的开发投入，形成较好的规模效应。从产业发展升级、综合交通打造、服务设施提升、人居环境改善等方面制定近期五大行动计划，形成近期建设项目库，通过编制年度计划进一步落实近期建设规划确定的目标，实行项目前置性审查。

近期发展重点区域分布图　　　　　　　　　　　近期用地布局规划图

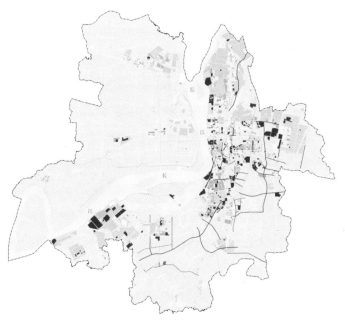

近期建设项目空间布局图

从规划实施的角度，形成"总规的蓝图规划—近期的行动规划—年度的实施计划—建设项目空间布局规划"完整的规划实施机制，有力保障规划在城市建设中统筹、主导和引导作用的发挥，实现从行动规划到实施计划，从被动许可到主动实施，推进城市规划项目化重要的实施机制。通过制定芜湖市近期建设规划实施管理暂行条例和芜湖市城市建设备用地使用管理暂行条例，保障了规划的实施。

本项目获得2017年度安徽省优秀城乡规划设计特殊贡献奖。

年度交通设施建设布局图

年度建设备用地规划图

合肥市城镇低效建设用地再开发专项规划

A Special Plan for the Redevelopment of Urban Low-efficiency Construction Land in Hefei

项目设计人员　　　李栋　姜超群　等
项目单位　　　　　合肥市规划设计研究院

　　合肥市城镇低效建设用地再开发专项规划作为供给侧改革下阶段性存量规划和以项目宗地为抓手的实施规划，以全面调查为基础，以产业用地为重点，以问题为导向，以高质量发展为落脚点，整合地方政府，以及国土、发改、规划、环保等部门及市内主要国有企业的认定意见，体现土地所有权人意愿，按照近期侧重实施，远期动态入库。"多规合一"落实不同再开发政策要求的思路，指导我市城市更新与产业升级。

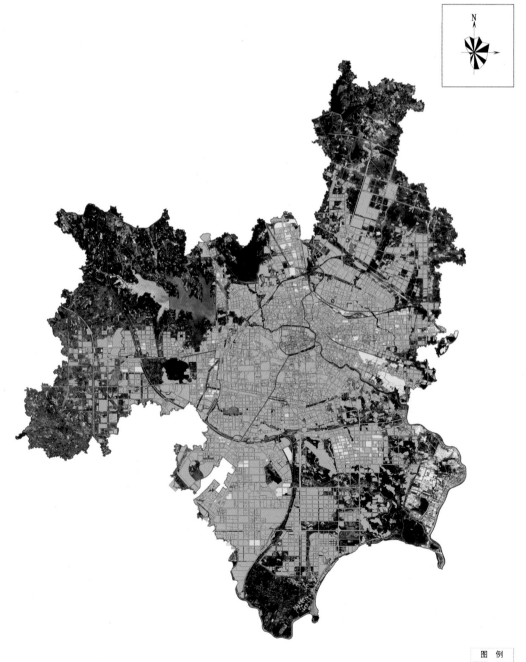

图　例
扩展边界
调查区
低效用地
调查单元

合肥市低效建设用地分布图

阜阳东南片区战略规划

Strategic Plan of Fuyang Southeast Area

项目设计人员　　　李栋　李星银　姜超群　赵德水
项目单位　　　　　合肥市规划设计研究院

　　阜阳，老庄文化发源地，一座京港、京台两大国家通道的交会城市，一座承东启西、沟通南北的中原经济区东部门户城市，一座拥有淮河、颍河、泉河、茨淮新河等六条入江达海的航道却又缺水的城市，一座安徽省人口最多的城市，一座焕发产业活力的城市，一座正在中国经济版图上寻求更高定位的城市。

　　阜阳市将对阜阳经济开发区、阜阳颍州经济开发区、阜阳合肥现代产业园区（统称阜阳东南片区）进行整合，集中优势创建国家级经济技术开发区。

　　阜阳东南片区战略规划的重要任务为整合三大园区的交通、服务设施、产业布局、功能分区和生态网络，打造生产、生活、生态"三生"融合的产业新城区，创新新高地。

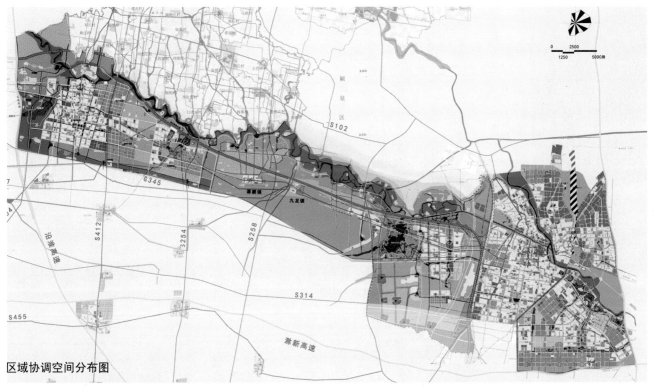

区域协调空间分布图

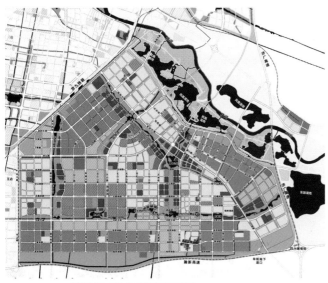

阜阳东南片区用地布局图

阜阳东南片区产业结构图

寿县城区城市设计
Urban Design of Shou County

项目负责人	卢凯
参与人员	马玉杰　任一加　陶冠军　郑蕾
项目设计单位	安徽省城建设计研究总院股份有限公司
项目规模	43.33 km²
项目时间	2017 年

　　本次规划以尊历史、守文化、问题导向、特色为先、整体把握、分区导控、重点引导、长效实施为总体思路,通过对其历史脉络与核心历史文化的鉴别甄选,确定以楚风汉韵为文化内核,延续古城的内在秩序与精神意义,传承并运用地方特色文化载体,融于城市设计全过程。规划主要内容包括现状认知与问题识别、规划目标与愿景、总体定位、总体风貌格局、规划功能结构、分区风貌引导、城市标志性空间、特色景观节点、城市设计管控等九个方面。

　　规划特色一: 底线约束——严格落实国家历史文化名城保护要求,严格遵守国家历史文化名城对城市设计的约束性。规划特色二: 格局优化——延续优化城区总体山水格局形象,保护历史文脉,展现楚都文化。规划特色三: 述古传新——保护历史文化遗存的同时彰显地域城市精神。规划特色四: 差异管控——明确主次差异、存增差异、保护区与其他区的差异,通过对重点地段的精细化设计引导,增强总体城市设计的可操作性。规划特色五: 长效实施——融入城市"多规合一"数字化业务协同平台。

　　本次城市设计是对国家历史文化名城总体城市设计方法的积极探索,具有经验推广作用。通过面向城市有效治理、高质量发展的城市街区进行设计导则编制,实现有效管控。此外,同步融入多维一体化面向实施的城市设计数字化平台,实现城市设计从三维空间到三维数字化空间、从编制的独立环节到融入规划实施管理全过程的跨越。

　　本项目获得 2019 年度安徽省优秀城乡规划设计三等奖。

总效果图

总平面图

济祁高速与城区交会处

寿春路与明珠大道交会处

寿春路与古城入口附近

楚都大道西

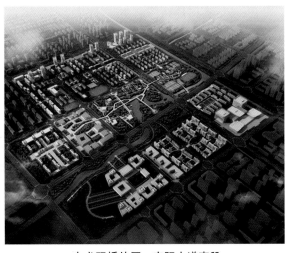

九龙双桥片区—宾阳大道南段

安徽三瓜公社概念性总体规划
Conceptual Master Plan of Sangua Commune in Anhui Province

项目负责人　　韩振
参与人员　　　韩振　张蕊　李治
项目设计单位　安徽省城乡规划设计研究院
项目规模　　　2250 hm²
项目时间　　　2020 年

项目概况：

安徽省合肥市巢湖经济开发区三瓜公社小镇是商贸文旅类小镇，以发展电商产业为核心，入驻企业 90 家左右，吸纳就业人数达 2000 人，完成特色产业投资 2 亿元，年接待游客人数 600 万人次。

规划定位：

国际康养旅游示范基地，国家级乡村振兴示范点，半汤国际旅游度假区有机组成部分。

发展目标：

以半汤国际旅游度假区建设为契机，打造以农旅、康养、研学 "三驾马车" 为驱动，集 "农业互联网 + 禅修康养、文创研学、商务会议" 功能于一体的国际旅游地，成为 "巢湖市全域旅游示范区" 建设发展的引擎。

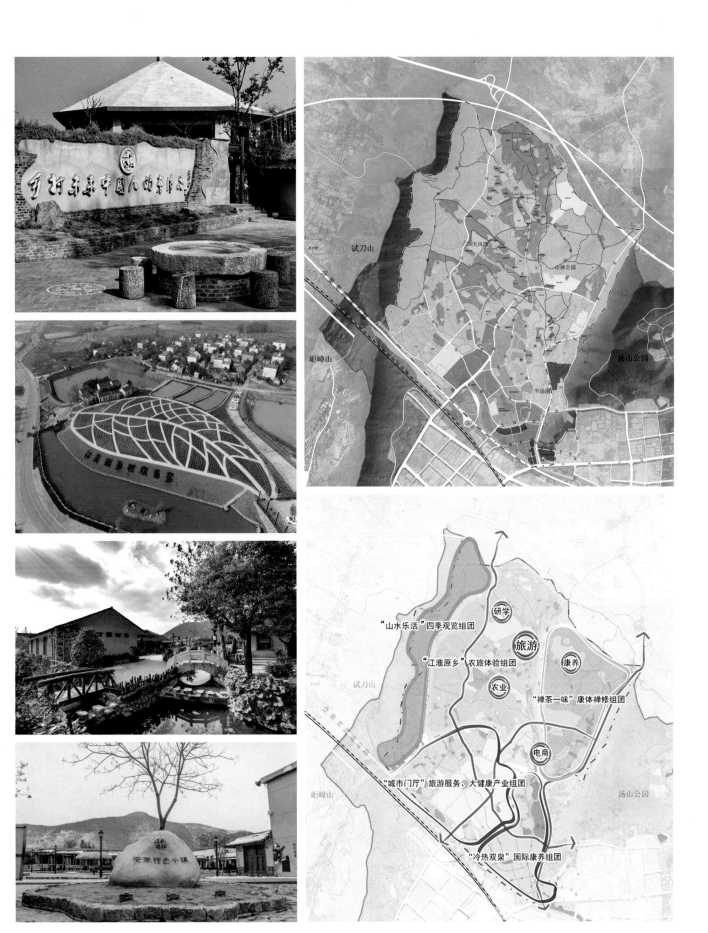

濛洼行蓄洪区"三生协同"乡村振兴策略研究

Tactical Strategy for Rural Revitalization in Mengwa Areas Based on Coordination of the Sansheng Space

项目负责人　　李冉　韦一
参与人员　　　石亮
项目设计单位　安徽农业大学经济技术学院
项目规模　　　180.4 km²
项目时间　　　2018 年

　　濛洼行蓄洪区是在特殊地理环境和区域安全需求下的产物。2000 年后，淮河水患基本可控，但受自然、社会、经济等因素影响，该区域发展滞后。在乡村振兴战略的引导下，以脱贫攻坚为契机，蓄洪区内的乡村，怎样在发展中正视生态状况特殊、生产发展无序以及生活品质堪忧的问题，实现乡村振兴中的全面融合与提升，是非常具有探究意义的课题。本规划分析了乡村"三生"的内涵和乡村振兴的意义，从"三生协同"和乡村振兴的耦合关系出发，梳理濛洼蓄洪区乡村三生发展问题，探讨其基于"三生协同"的乡村振兴路径。

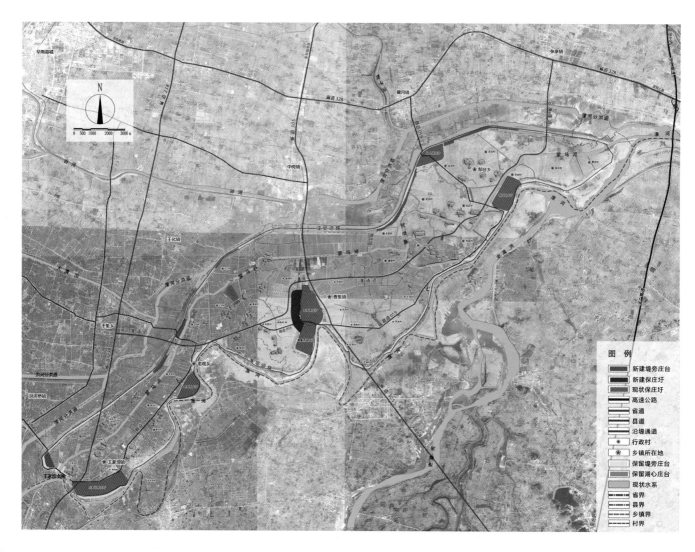

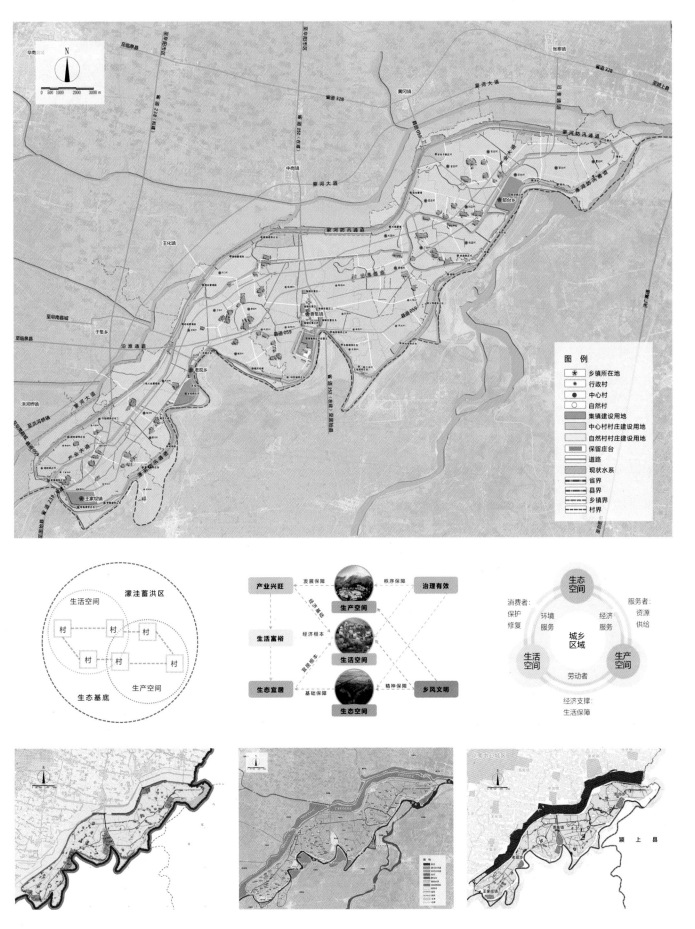

075

张公湖西侧地区城市设计

The Spatial Strategy & Urban Design for the Zhanggonghu Western Area

项目负责人　　　俞丞　　陶伟声
参与人员　　　　宋新平　段金玉　童自信　贾娇娇　张文婷　等
项目设计单位　　浙江大学城乡规划设计研究院有限公司
项目规模　　　　9.18 km^2
项目时间　　　　2018 年

　　本案是蚌埠老城板块的重要构成部分，作为面向存量空间的城市设计，本规划在内容体系、设计理念、技术路线、技术方法等方面展开创新性探索，对蚌埠市城市设计"新旧结合"全方位布局以及思维转向引导具有里程碑意义。

　　规划以外联内优战略为突破口，形成"山水筑心、十字创韵，一环万象、多彩城坊"的总体结构，并构建"整体指标管控——重点地区建设引导"两级体系，真正实现"谋术并重"的行动导向的城市设计。编制技术上，多采用大数据与 GIS 定量化等分析方法，提升规划决策的科学性。

　　本项目获浙江省优秀城乡规划设计三等奖。

花园湖及周边地块城市设计
Urban Design of Huayuan Lake and Surrounding Area

项目负责人　　陶伟声　程健
参与人员　　　童自信　周梦玥　王斌力　贾娇娇　等
项目设计单位　安徽寰宇建筑设计院
项目规模　　　144 hm²
项目时间　　　2017 年

　　本项目是一个体量偏中观的城市设计项目，类型是存量更新与增量拓展并存的更新规划，因此，涉及问题的层次不仅限于空间，而是基于精准战略下的空间形态研究，所以规划围绕"自上而下寻找缺口"与"自下而上对接融合"双向思路，提出做"生态文明"导向下的区域融合发展模式。

　　生态理念贯穿设计始终，围绕"制定生态目标——梳理生态脉络——打造生态谷——构建生态格局——创建生态细胞"推演脉络，形成"绿心引领、两轴贯通、三片协同、多元共生"的规划结构。其中，"湿地泡"理念下的花园湖景观概念方案，体现了海绵城市的内涵，为后续景观方案深化明确方向，定调指路。

　　本项目获安徽省土木建筑学会创新奖三等奖。

泸州·方山文旅小镇概念规划及控制性详细规划

Planning Project of Fangshan Cultural Tourism in Luzhou

项目负责人　　　王晓蕴　　常俊丹
参与人员　　　　童自信　　周梦玥　　王斌力　　贾娇娇　　等
项目设计单位　　上海集正佳建筑规划设计有限公司
项目规模　　　　1800 hm²
项目时间　　　　2018 年

项目定位：

以方山观音坛城为核心的川滇黔渝结合部佛教文化圣地；

以国际化、现代化文旅小镇为特色的泸州大都市人气引擎；

产城融合最高端、第三产业配套体系最完善、规模最大的新城区；

实行多规合一、统筹规划、整体建设、生态保护、绿色发展的示范区。

泸州·方山文旅小镇概念规划及控制性详细规划

Planning Project of Fangshan Cultural Tourism in Luzhou

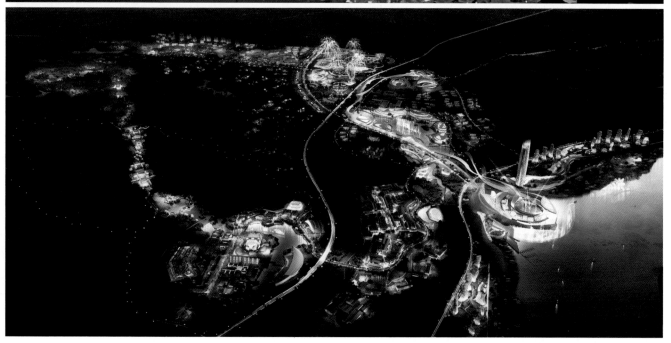

长春新区东北亚国际物流港规划设计

Planning and Design of Northeast Logistics Port in Changchun New Area

项目负责人　万小勇
参与人员　　李茜
项目设计单位　中铁城市规划设计研究院
项目规模　684 hm²
项目时间　2017 年

　　物流港是构筑"一带一路"北线建设的战略支点，是打通东北亚六国陆海联运通道的核心枢纽，是未来东北亚区域开放与合作的核心区，是成为东北新一轮振兴发展的新引擎。

　　规划愿景：实施物流先导、国际融合、多向开放战略，积极构建多层次的物流通道，将东北亚国际物流港着力打造成"港口后移、就地办单、铁海联运、公铁联运、无缝对接"的吉林省对外开放内陆港口和东北亚国际物流"桥头堡"。

　　物流港作为先行先试的区域和产业启动区，需要从定位、功能、土地开发、空间布局、城市空间形态等方面进行多方位研究和详细设计。本次城市设计在现状和原有规划的基础上，提出：（1）研判产业的现状和发展需求，明确整体的产业定位；（2）筛选核心区的功能，合理配置不同的功能用地，确定合理的功能布局；（3）注重园区的总体形态设计，综合考虑空间形态、整体结构、生态基底、建筑风貌等要素；（4）充分利用地域特色，营造具有活力的景观体系和城市界面；（5）整合和深化支撑系统设计，形成能指导实施、近详远略的支撑体系方案。

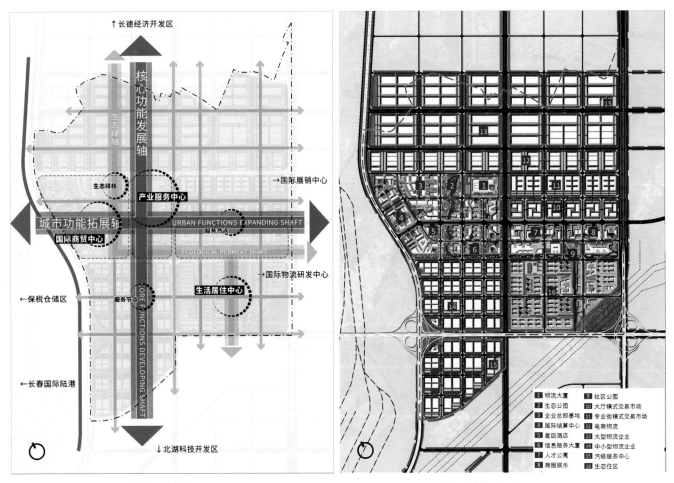

规划结构图　　　　　　　　　　规划总平面图

082

这是一个港……

　　　　…… 更是一座城

港中见绿

践行绿色低碳原则，实现生态交融的空间新格局

港中见智

创新发展模式，搭建智慧互联的国际化现代产业服务平台

港中见景

多元活力空间与高品质环境相融，共现异彩纷呈四时之景

港中见城

创造物流新城魅力核心，让世界看见新长春

合肥电连技术有限公司连接器产业基地建筑设计

Architectural Design of Connector Industrial Base of Hefei Dianlian Technology Co., Ltd

项目负责人	李朋　周鹏
参与人员	詹伟　张少达
项目设计单位	上海东方建筑设计研究院有限公司
项目规模	约 180 亩
项目时间	2016 年

　　本项目位于合肥市高新技术产业开发区，基地北临菖蒲路，东接石莲南路，南依铭传路，交通便利；总用地面积约 180 亩，用地性质为工业用地。项目服务业主为高科技创新型企业，本设计结合企业自身特点，基于对技术与文化创新相结合的认识，一方面将企业文化加以提炼和重新诠释，另一方面运用现代建筑设计手法，将玻璃、混凝土、钢材等元素组合运用。同时利用雨水回收系统及屋顶太阳能，打造生态环保型厂区。彰显科技创新企业文化的同时，体现绿色环保的设计理念。

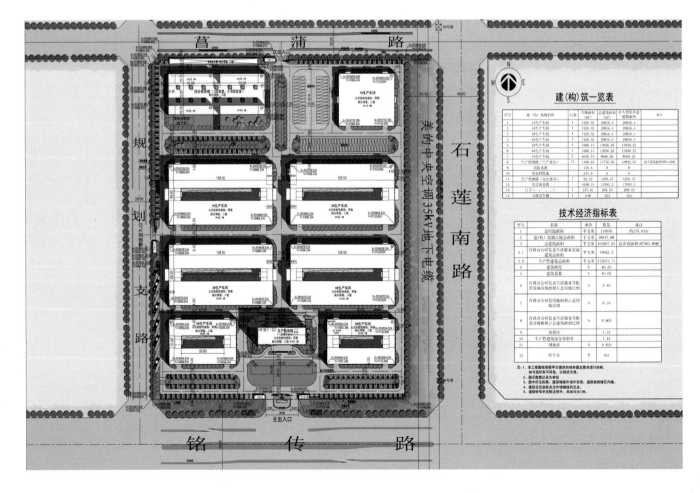

造型设计理念（一）：向上、生长
　　在造型设计中，汲取新古典主义"三段式"的传统构图，同时融入现代主义的设计元素，引入竹子"节节高"的设计理念，通过秩序又富有变化的"柱子"与"玻璃"的虚实对比形成"竖向线条"的韵律美，使建筑整体更加挺拔、高耸；力求营造一种向上生长的动势，象征着企业积极向上的活力。

造型设计理念（二）：人本、团结
　　建筑造型中，通过一根根"柱子"重复、突变等设计手法，营造出有序且富有变化的外立面，犹如无数个"人"的个体紧密地团结在一起，构成企业乃至整个社会的"中流砥柱"，寓意着企业以人为本、团结协作的核心价值。

造型设计理念（三）：科技、创新
　　方案设计中通过对比例、材料、细部等各方面精心推敲，使建筑具有"科技感"与"时代感"。立面用材以浅灰色花岗岩、真石漆、玻璃等材料协调搭配为主基调，同时将企业颜色"蓝色"和"橙色"点缀在建筑立面中，使建筑整体更加自由、活泼，彰显科技、创新的企业文化。

基于民族文化生境修复的贵州报京侗寨乡村规划
Rural Planning of Baojing Village in Guizhou Province

指导老师　董欣　贺建雄　惠怡安
参与人员　李光宇　丁竹慧　师莹　路金霞　王天宇　杨钰华　刘子祺
项目设计单位　西北大学城市与环境学院
获奖情况　全国城乡规划专业大学生乡村规划方案竞赛初赛二等奖、最佳研究奖，决赛三等奖
项目时间　2018 年

　　报京侗察位于贵州省黔东南州镇远县，规划设计范围为村域。在贵州高原的山脉掩映中，一个侗族"飞地"遗世独立，鲜有人知。远离县城约一小时车程，这里有广袤的杉木林，潺潺的河流以及悠扬动听的侗族民歌。规划范围内的 917 户侗家组成的报京侗寨以及山水林田形成一个多层次的文化生态系统，也是本方案规划的核心内容。

　　作为北侗第一大寨，报京具有深厚的北侗文化底蕴，但深处贵州的崇山峻岭之中，与外界的联系较弱，从而受到外界现代化浪潮对其的冲击也相对较弱，同时也使得其自给自足的生产模式得以延续。融合侗乡的生态、生活、生产智慧，以北侗文化生态研究保护地为核心定位，规划力求使报京这颗文化遗珠重新绽放珠华。

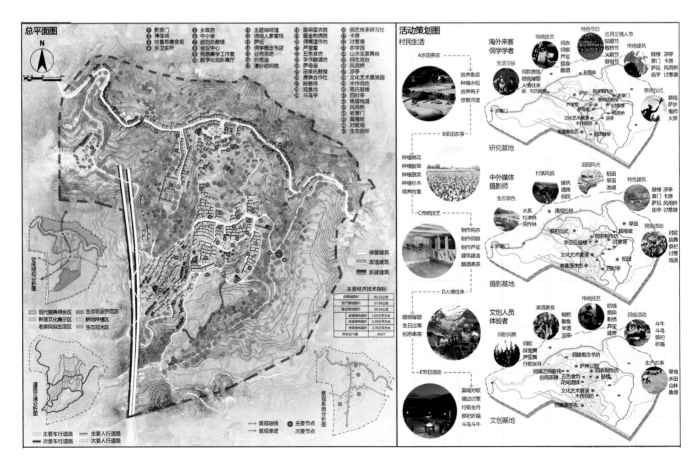

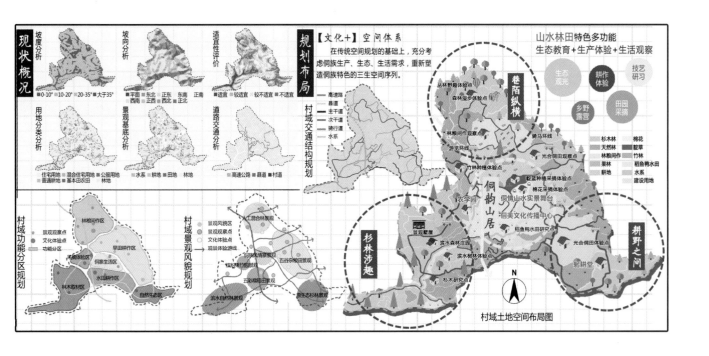

墨尔本南岸 Fishermans Bend 城市设计

Urban Design Project of Fishermans Bend in Southern Bank, Melbourne

指导老师	David Mah
参与人员	张志远
项目设计单位	墨尔本大学城市设计系
项目规模	80 hm^2
项目时间	2019 年

　　基地选址位于墨尔本未来最大的城市更新区 Fishermans Bend。该地块目前主要的用地性质为工业用地，未来将会引入大量的居民和就业岗位。但 Fishermans Bend 所在地理位置也导致该地块面临着海平面上涨，雅拉河洪水的威胁和侵害。尤其是 Sandridge 处于 Fishermans Bend 的低洼地区。为了缓解这个问题，本设计将着重于"街道"——在洪水期和普通气候下，居民如何使用这一重要的城市公共空间。通过改造现阶段 Sandridge 的街道去塑造新的公共空间，同时改变传统的交通和景观绿地来改善 Sandridge 所面临的洪水问题。

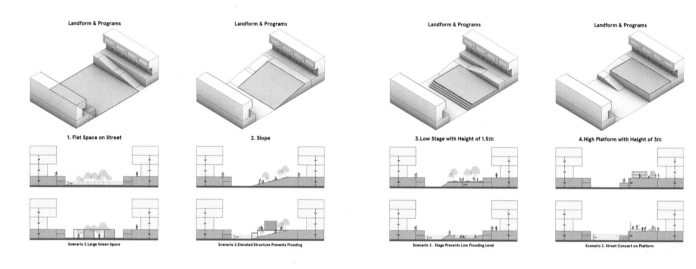

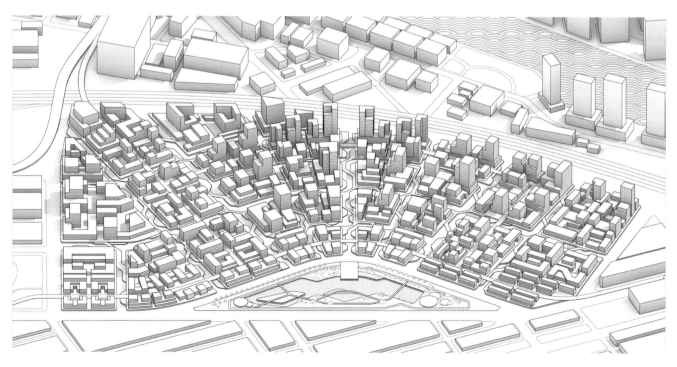

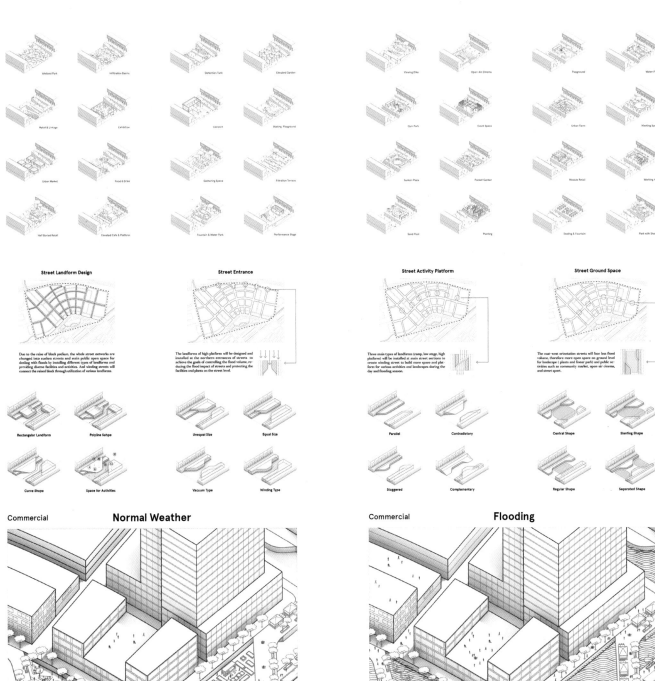

Street Landform Design

Due to the raise of block podium, the whole street networks are changed into sunken streets and main public open space for dealing with floods by installing different types of landforms and providing diverse facilities and activities. And winding streets will connect the raised block through utilization of various landforms.

Rectangular Landform · Polyline Sahpe
Curve Shape · Space for Activities

Street Entrance

The landforms of high platform will be designed and installed at the northern entrances of streets to achieve the goals of controlling the flood volume, reducing the flood impact of streets and protecting the facilities and plants on the street level.

Unequal Size · Equal Size
Vacuum Type · Winding Type

Street Activity Platform

Three main types of landforms (ramp, low stage, high platform) will be installed at main street sections to create winding street to build more space and platform for various activities and landscapes during the day and flooding season.

Parallel · Contradictory
Staggered · Complementary

Street Ground Space

The east-west orientation streets will face less flood volume, therefore more open space on ground level for landscape (plants and linear park) and public activities such as community market, open-air cinema, and street sport.

Central Shape · Slanting Shape
Regular Shape · Separated Shape

Commercial **Normal Weather**

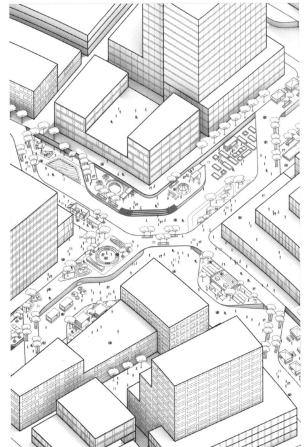

Commercial **Flooding**

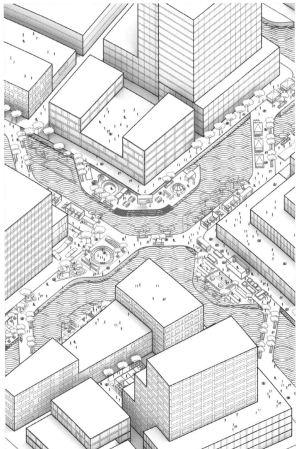

创想青年家——垂直社区设计
Dream Apartment—Vertical Community Design

指导老师	仲德崑　齐奕
参与人员	史心悦　卢莹
项目设计单位	深圳大学
获奖情况	2018 华·工坊国际建筑设计竞赛佳作奖
项目时间	2018 年

　　就居住现状来说，成本高、通勤时间长、交流空间吵成为困扰大都市年轻人的最大问题，本方案是在探讨在一定容积率下的垂直社区形式。利用城中村的空地建造高密度的集约型新型社区，通过预置单元、单元组合、竖向公共空间置入和单元体自由移动的方式，使该社区具有一定程度的标准化，同时又能满足住户的个性化需求。在此基础上利用新型人工智能和互联网技术实现移动的便捷性。

总平面图　General layout

一层平面图　Ground floor plan

公共空间平面图　Plan of public space

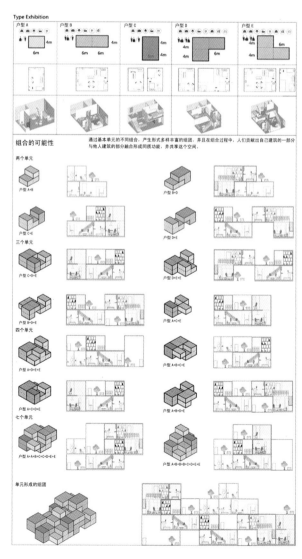

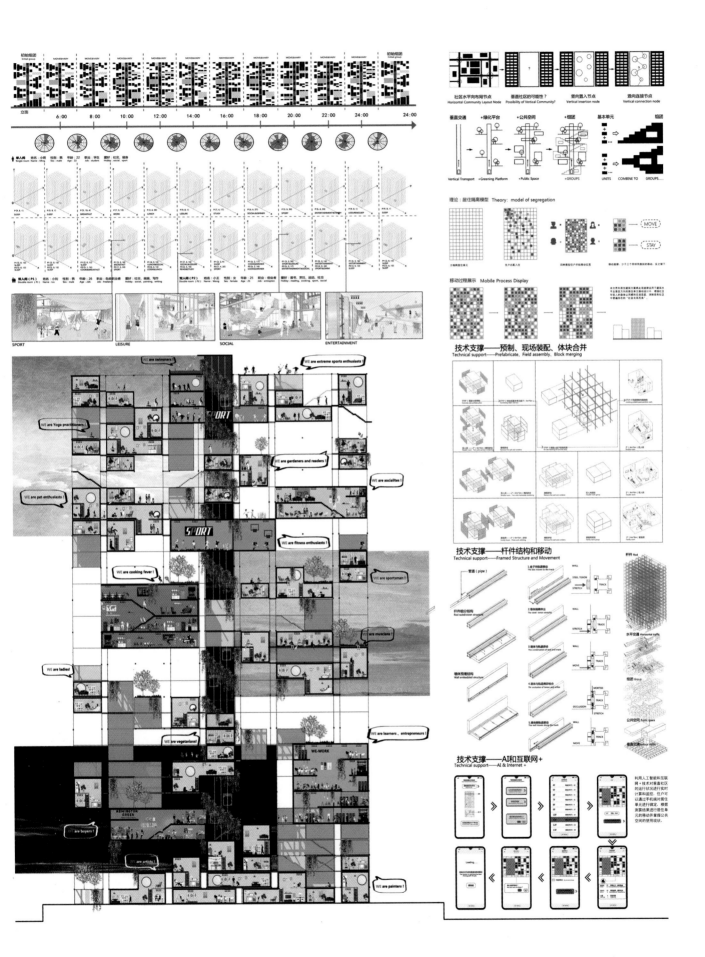

中心花园街区城市设计
Urban Design of Central Garden Block

项目负责人	沈文涛
参与人员	王博
项目设计单位	天津市建筑设计院
项目规模	53 hm²
项目时间	2018 年

　　中心花园史称"法国公园"，1917 年初建，1922 年竣工，占地约 1.4 hm²，处于法租界的中心地带，是法租界具有象征意义的公共开放空间。中心公园地区由于所处的地理环境优越、交通便利，吸引了当时大批的民族资本家、爱国人士在此地购房置业。这些花园洋房造型奇特，各有风姿，使建筑景观与园林景观融为一体。

中心花园鸟瞰图

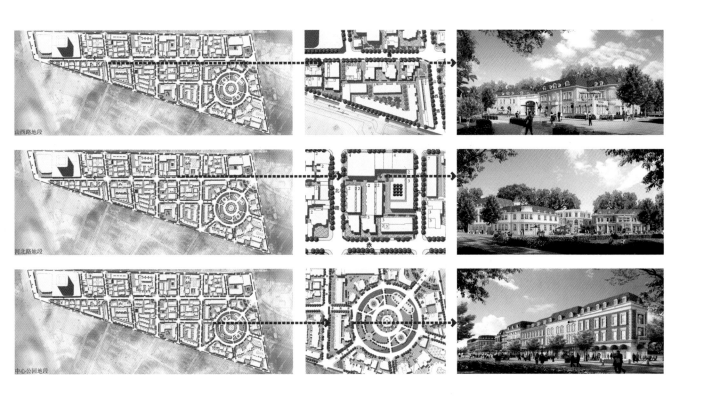

山西路地段

河北路地段

中心公园地段

"秦淮硅巷"发展规划与概念设计

Development Plan and Conceptual Design of "Qinhuai Silicon Lane"

项目负责人	尹康　徐卞融
参与人员	周霁　严润晔　黄丽蓉　陈洁
项目设计单位	南京城理人城市规划设计有限公司
项目规模	4.3 km²
项目时间	2018 年

　　规划围绕"聚焦资源优势、聚焦主导产业、聚焦创新发展"核心思路，营造无边界创新园区，释放创新空间，打造属于南京的"秦淮硅巷"。

　　方案聚焦空间布局、产业发展、机制体制三大方面内容，三位一体相互反馈和校验，确保方案切实可行。

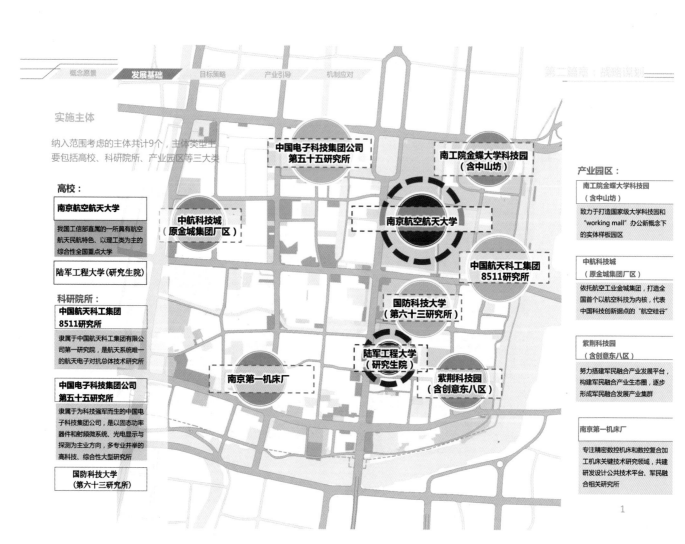

围绕区域产业，在空间上形成"一核两翼多园"的布局特点

一核：

◆ 科技成果转化中心，位于区域东北侧，主要依托南航西门沿御道街载体和校车车队所在地载体打造科技创新中心和秦淮硅巷展示厅，形成科技成果转化高地。

两翼：

◆ 电子器件产业承载区，位于区域北部，主要依托第五十五研究所所区载体，即将入驻两个国家级重点实验室和一个新型研发机构，打造电子器件产业研发、孵化基地。
◆ 航天科技研发区，位于区域东北侧，主要依托 8511 所所区搬走后可纳入的载体，发展军民融合云创平台。

多园：

◆ 航空智能研创园，位于区域西北，依托中航科技城高端商务楼宇，打造航空科技与人工智能结合的研创平台及配套服务。
◆ 智能制造科创园，位于区域西南，依托南京第一机床厂打造智能制造科技园。
◆ 航天智能科创园，位于区域东南，依托紫荆科技园、创意东八区，发展航空制造领域军民融合产业和相关配套。
◆ 科创人才孵化园，位于区域东北部，主要依托南工院金蝶大学科技园和中山坊，打造科创人才孵化园。

重点片区优化

重点片区项目

❶ 起飞广场
❷ 创新启动仓
❸ 卫星广场
❹ 产业服务轴线
❺ 航空航天展示馆
❻ 入口广场
❼ 轨道公园
❽ 南航
❾ 8511所
❿ 金蝶科技园
⓫ 中山坊
⓬ 第五十五研究所
⓭ 紫荆科技园
⓮ 创意东八区

城乡规划专业教师作品

Works of professional teachers majoring in urban and rural planning

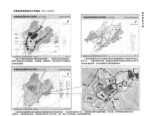
规划背景分析图一

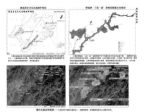
规划背景分析图二

文物古迹及历史环境要素分布图

现状建筑风貌分类图

保护层次规划图

建筑高度控制图

项目介绍：
　　仁里传统村落是绩溪县域旅游的重要景点；绩溪县三区一廊中百里历史文化走廊重要组成部分；传承"儒商文化、'仁'的思想"的地域文脉，塑造展现山水、田园、阡陌、街巷、民居，具有明清传统徽州风情，以居住为主并适度发展观光旅游的历史文化传统村落。
　　1.仁里是鲜活的地域文化博物馆；2.仁里是古徽州地区村落选址及风水格局的重要案例 3.古城格局依传统礼制凸显徽州地方特色 4.文化底蕴丰厚，是徽文化的重要传承之地。

创新特色：
　　"仁"的思想，典型反映；独具一格，村落布局；宗祠书院、民居组群；名人荟萃，贾儒故里。

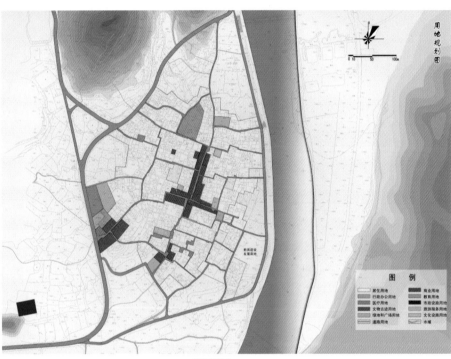
用地规划图

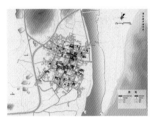
保护要素编号图

重点文物保护单位及历史建筑实景照片

历史文化展示规划图

旅游规划图

近期保护规划图

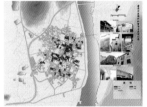
建筑分类保护和整治方式规划图

保护要素编号图

整治改造类建筑整治示意图

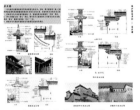
保护整治导则——马头墙

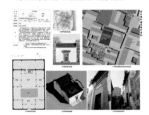
重点保护建筑保护导则

节点保护整治规划图

绩溪仁里传统村落保护规划　　　李保民　　　城乡规划专业教师作品

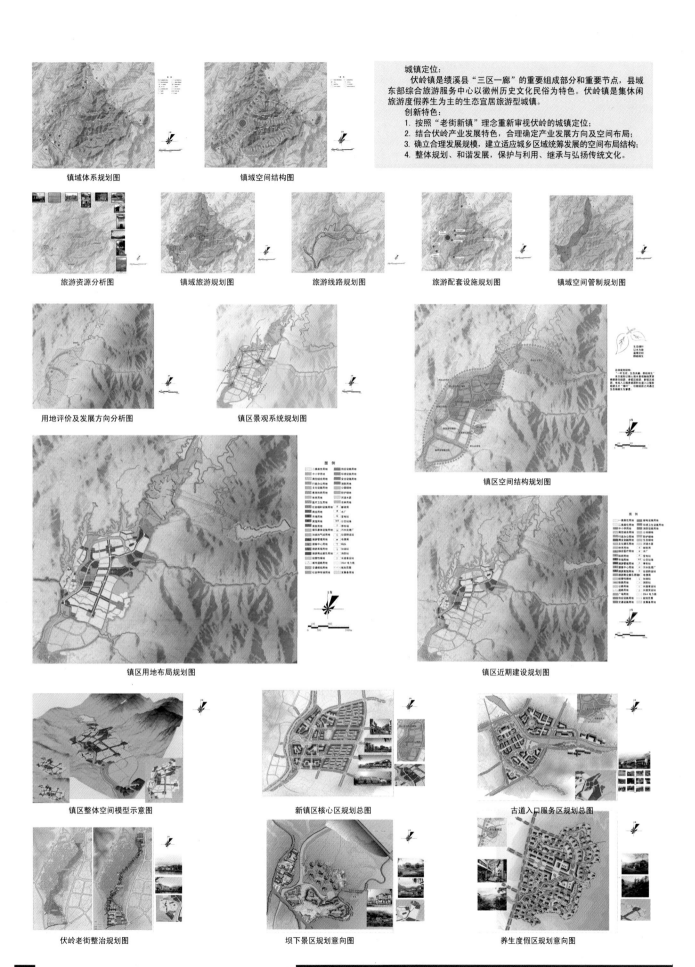

城镇定位：
　　伏岭镇是绩溪县"三区一廊"的重要组成部分和重要节点，县域东部综合旅游服务中心以徽州历史文化民俗为特色。伏岭镇是集休闲旅游度假养生为主的生态宜居旅游型城镇。
创新特色：
1. 按照"老街新镇"理念重新审视伏岭的城镇定位；
2. 结合伏岭产业发展特色，合理确定产业发展方向及空间布局；
3. 确立合理发展规模，建立适应城乡区域统筹发展的空间布局结构；
4. 整体规划、和谐发展，保护与利用、继承与弘扬传统文化。

镇域体系规划图

镇域空间结构图

旅游资源分析图

镇域旅游规划图

旅游线路规划图

旅游配套设施规划图

镇域空间管制规划图

用地评价及发展方向分析图

镇区景观系统规划图

镇区空间结构规划图

镇区用地布局规划图

镇区近期建设规划图

镇区整体空间模型示意图

新镇区核心区规划总图

古道入口服务区规划总图

伏岭老街整治规划图

坝下景区规划意向图

养生度假区规划意向图

安徽省绩溪县伏岭镇总体规划　　　李保民　　　城乡规划专业教师作品

区位分析图

土地利用现状图

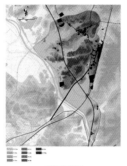

高程分析图

项目介绍：
　　为尽快落实东至县城市总体规划的建设要求，促进东至县空间结构的改变，实现东至县社会、经济与环境的可持续发展，特编制此规划。
　　创新特色：
　　1. 站前区城市设计的搭构具有山水城市意向的新徽派城市意向感知；
　　2. 火车站前的商业及综合用地等，作为站前区的重要节点；
　　3. 规划构筑"显山露水"的景观通廊；
　　4. 路两侧综合用地界面要求连续且富于节奏的变化；
　　5. 沿铁路及高速公路表现生态、人文相互穿插的生态城市感知。

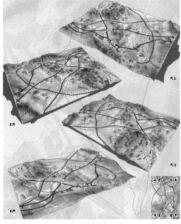

地形模拟图

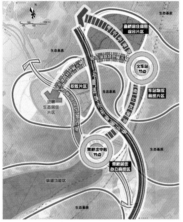

功能结构规划图

四线控制图

地下空间利用规划图

社区划分图

居住用地兼容商业面控制图

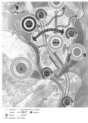

城市设计框架构筑图

地块编码图

规划结构：
　　站前区的规划结构为"四轴、四区、两节点"。
　　"四轴"指沿主要道路形成的四条城市形象展示轴和功能发展轴。
　　"四区"指被生态绿地间隔而成的四大功能区。
　　"两节点"是以城市功能的重要集聚为特征的城市核心点。
景观系统：
　　景观系统可以概括为"绿脉为廊，连山连水，水脉为带，串珠成链，山水渗透，特色展示"。

东至县站前区控制性详细规划　　　李保民　　　城乡规划专业教师作品

项目介绍：
　　通过规划建设，充分发挥吴山的资源优势，使"吴王遗踪"历史文化休闲园逐步成为集优越的自然生态环境与深厚的文化内涵为一体的仿古文化旅游地。吴王历史文化休闲园的观光游憩和各旅游项目围绕吴王相关的历史文化展开，形成"一环、一心、五区、多点"，各功能区组团式布局的规划结构。园区内共分为五个功能区，分别为吴王历史文化展示区、特色商贸区、百花园、滨水游憩区、综合服务区。

创新特色：
　　解决好时间、空间、人的需求。
　　时间：在时间上强调突出在一年四季、一天到晚，都有不同的活动旅游项目、不同的观赏景致。
　　空间：空间上充分利用现有资源，提供全方位、多形态的游玩空间。
　　人：在景点设置、交通组织、游览线路组织等方面均充分考虑在年龄层次、文化层次等方面有差别的不同人的需要。

鸟瞰图

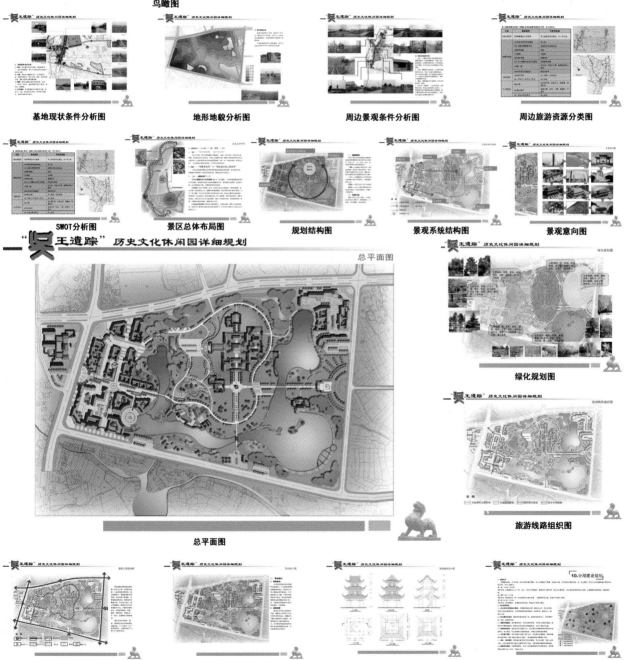

基地现状条件分析图

地形地貌分析图

周边景观条件分析图

周边旅游资源分类图

SWOT分析图

景区总体布局图

规划结构图

景观系统结构图

景观意向图

总平面图

绿化规划图

旅游线路组织图

道路交通规划图

竖向设计图

鼓楼建筑设计图

分期建设规划图

"吴王遗踪"历史文化休闲园详细规划　　李保民　　城乡规划专业教师作品

土地利用现状图

片区划分示意图

城区道路系统规划图

项目介绍：
　　从城市用地功能合理配置的角度出发，结合城市总体规划用地布局的意图，在充分考虑单元划分稳定的基础上，协调行政分区、社区界线等方面的因素，统筹设置管理单元，方便规划管理工作及相关数据共享。

创新特色：
　　城市空间结构：两廊四轴，三心引领。
　　"两廊"是指东淠河生态景观走廊、幽芳河生态景观走廊。"四轴"是指迎驾大道、迎宾大道、潜台路、霍山大道城市发展轴。这是霍山县城空间发展的主要框架，依托该框架，依稀可见霍山县城这一有机生命体的生态绿脉和发展动脉，并借此展现城市界面和城市活力。"三心"是指县城主心、副心和行政中心。这"三心"更重要意义的是在其带动作用下，将推动旧城更新改造，并引领城区向东发展，拉开城区空间发展框架。

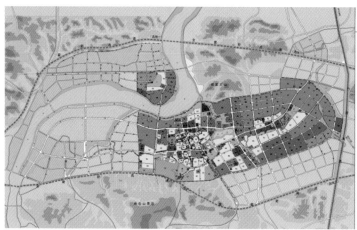
城区土地利用规划图

城区单元划分图　　　城区单元控制图

城区开发强度控制图　　城区公共服务设施规划图

HS-LCQ1单元框架性控制导则

HS-LCQ2单元框架性控制导则

HS-LCQ3单元框架性控制导则

HS-LCQ4单元框架性控制导则

HS-LCQ5单元框架性控制导则

HS-ZWQ1单元框架性控制导则

HS-CN1单元框架性控制导则

HS-JQK1单元框架性控制导则

HS-JKQ2单元框架性控制导则

霍山县中心城区规划管理单元规划　　　李保民　　　城乡规划专业教师作品

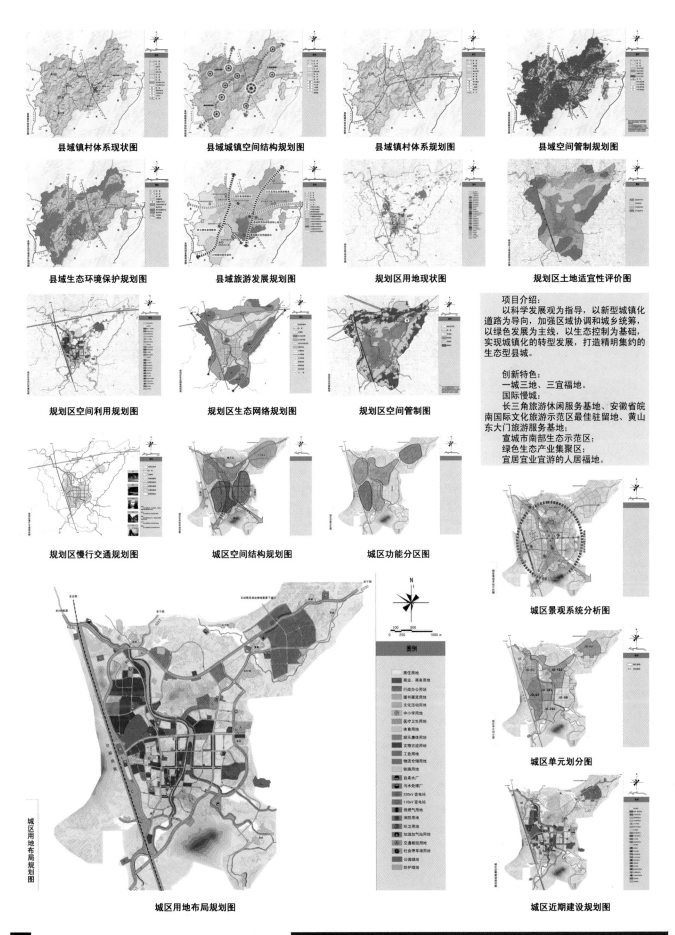

县域镇村体系现状图

县域城镇空间结构规划图

县域镇村体系规划图

县域空间管制规划图

县域生态环境保护规划图

县域旅游发展规划图

规划区用地现状图

规划区土地适宜性评价图

规划区空间利用规划图

规划区生态网络规划图

规划区空间管制图

项目介绍：
　以科学发展观为指导，以新型城镇化道路为导向，加强区域协调和城乡统筹，以绿色发展为主线，以生态控制为基础，实现城镇化的转型发展，打造精明集约的生态型县城。

创新特色：
一城三地、三宜福地。
国际慢城：
长三角旅游休闲服务基地、安徽省皖南国际文化旅游示范区最佳驻留地、黄山东大门旅游服务基地；
宣城市南部生态示范区；
绿色生态产业集聚区；
宜居宜业宜游的人居福地。

规划区慢行交通规划图

城区空间结构规划图

城区功能分区图

城区景观系统分析图

城区单元划分图

城区用地布局规划图

城区用地布局规划图

城区近期建设规划图

安徽省旌德县城总体规划　　李保民　　城乡规划专业教师作品

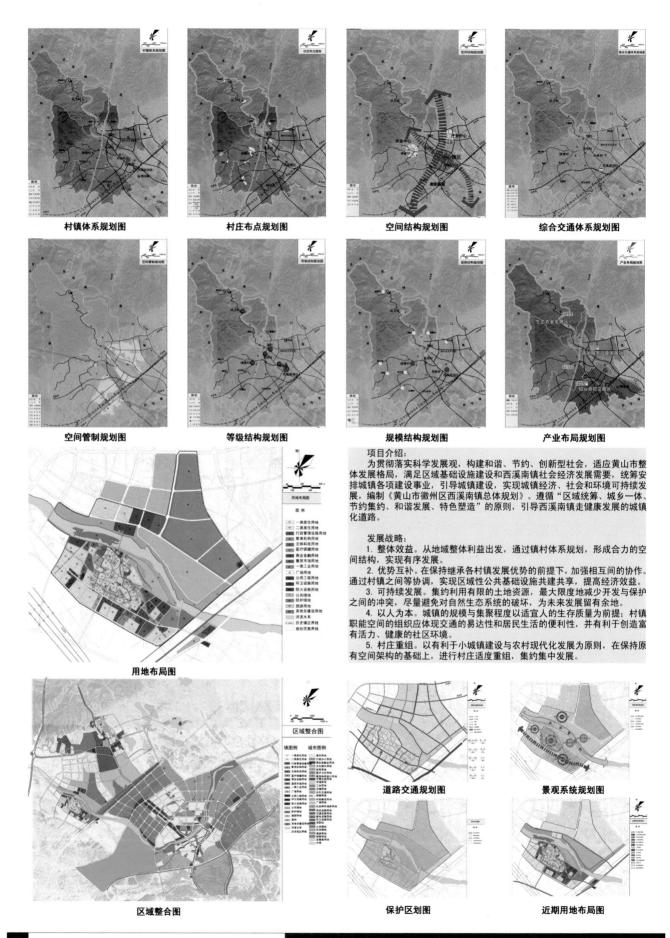

村镇体系规划图　　　　　村庄布点规划图　　　　　空间结构规划图　　　　　综合交通体系规划图

空间管制规划图　　　　　等级结构规划图　　　　　规模结构规划图　　　　　产业布局规划图

项目介绍：

为贯彻落实科学发展观，构建和谐、节约、创新型社会，适应黄山市整体发展格局，满足区域基础设施建设和西溪南镇社会经济发展需要，统筹安排城镇各项建设事业，引导城镇建设，实现城镇经济、社会和环境可持续发展，编制《黄山市徽州区西溪南镇总体规划》。遵循"区域统筹、城乡一体、节约集约、和谐发展、特色塑造"的原则，引导西溪南镇走健康发展的城镇化道路。

发展战略：

1. 整体效益。从地域整体利益出发，通过镇村体系规划，形成合力的空间结构，实现有序发展。
2. 优势互补。在保持继承各村镇发展优势的前提下，加强相互间的协作。通过村镇之间等协调，实现区域性公共基础设施共建共享，提高经济效益。
3. 可持续发展。集约利用有限的土地资源，最大限度地减少开发与保护之间的冲突，尽量避免对自然生态系统的破坏，为未来发展留有余地。
4. 以人为本。城镇的规模与集聚程度以适宜人的生存质量为前提；村镇职能空间的组织应体现交通的易达性和居民生活的便利性，并有利于创造富有活力、健康的社区环境。
5. 村庄重组。以有利于小城镇建设与农村现代化发展为原则，在保持原有空间架构的基础上，进行村庄适度重组，集约集中发展。

用地布局图

区域整合图

道路交通规划图　　　　　景观系统规划图

保护区划图　　　　　　近期用地布局图

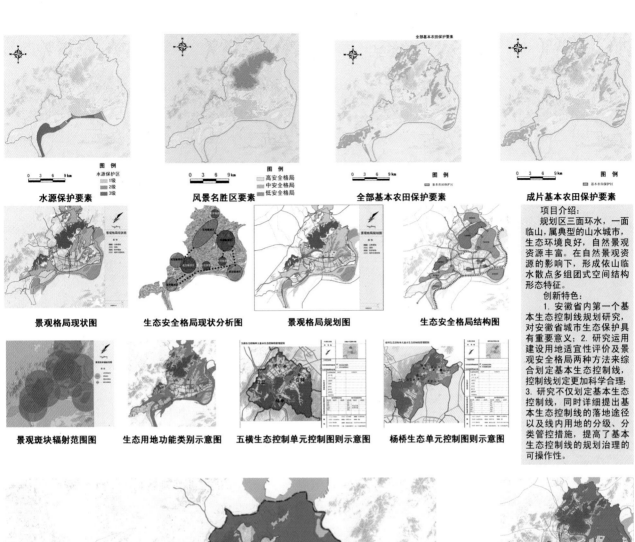

水源保护要素

风景名胜区要素

全部基本农田保护要素

成片基本农田保护要素

景观格局现状图

生态安全格局现状分析图

景观格局规划图

生态安全格局结构图

景观斑块辐射范围图

生态用地功能类别示意图

五横生态控制单元控制图则示意图

杨桥生态单元控制图则示意图

项目介绍：
规划区三面环水，一面临山，属典型的山水城市，生态环境良好，自然景观资源丰富。在自然景观资源的影响下，形成依山临水散点多组团式空间结构形态特征。

创新特色：
1. 安徽省内第一个基本生态控制线规划研究，对安徽省城市生态保护具有重要意义；2. 研究运用建设用地适宜性评价及景观安全格局两种方法来综合划定基本生态控制线，控制线划定更加科学合理；3. 研究不仅划定基本生态控制线，同时详细提出基本生态控制线的落地途径以及线内用地的分级、分类管控措施，提高了基本生态控制线的规划治理的可操作性。

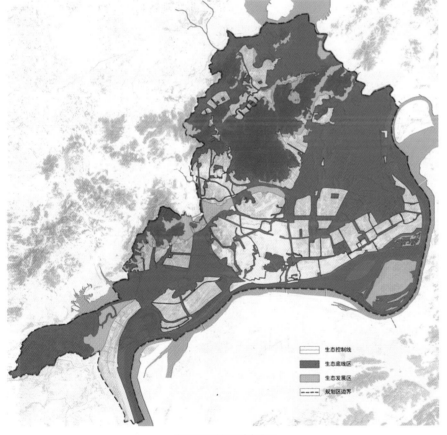

规划区可建设用地布局图

规划区建设用地增长边界

刚性增长边界图

弹性增长边界图

安庆市城市规划区基本生态控制线划定及管控策略研究　　储金龙　　**城乡规划专业教师作品**

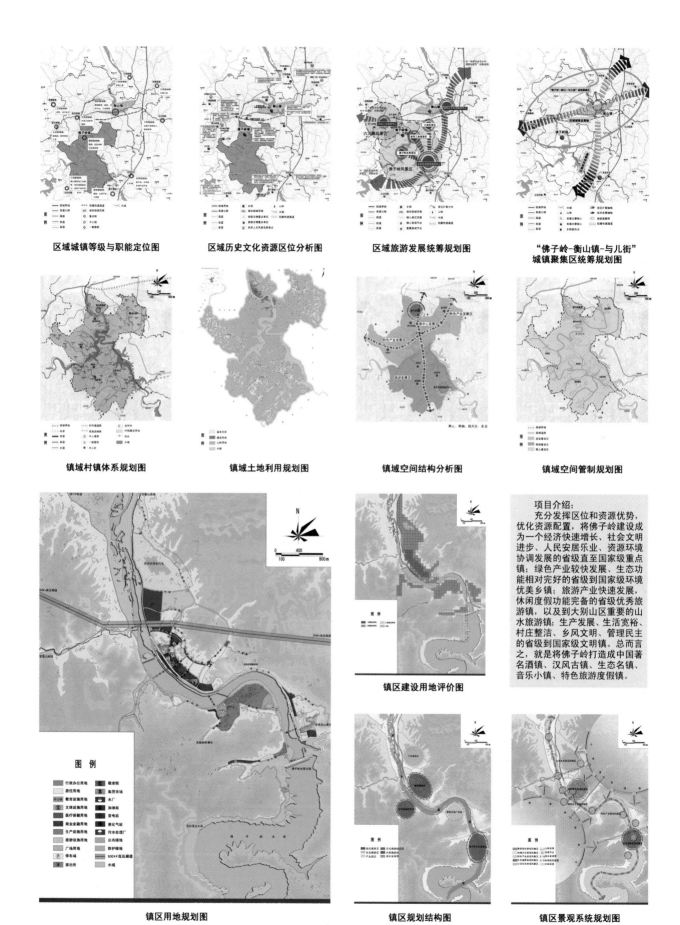

区域城镇等级与职能定位图

区域历史文化资源区位分析图

区域旅游发展统筹规划图

"佛子岭-衡山镇-与儿街"
城镇聚集区统筹规划图

镇域村镇体系规划图

镇域土地利用规划图

镇域空间结构分析图

镇域空间管制规划图

图例

镇区用地规划图

镇区建设用地评价图

镇区规划结构图

镇区景观系统规划图

项目介绍:
充分发挥区位和资源优势,优化资源配置,将佛子岭建设成为一个经济快速增长、社会文明进步、人民安居乐业、资源环境协调发展的省级直至国家级重点镇;绿色产业较快发展、生态功能相对完好的省级到国家级环境优美乡镇;旅游产业快速发展,休闲度假功能完备的省级优秀旅游镇,以及到大别山区重要的山水旅游镇;生产发展、生活宽裕、村庄整洁、乡风文明、管理民主的省级到国家级文明镇。总而言之,就是将佛子岭打造成中国著名酒镇、汉风古镇、生态名镇、音乐小镇、特色旅游度假镇。

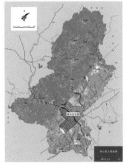

项目介绍：
　　本着科学发展观和"五个统筹"为指导，提升潜山城市核心竞争力的规划思想，坚持生态首位、环境优先、传承文化、彰显特色、科学发展、和谐统筹、集约紧凑、保护资源为原则，优化空间资源配置，严格保护生态环境，挖掘提升区域文化，走新型城市化道路，为潜山在皖江经济带崛起提供具有战略性、科学性和可操作性的城市总体规划方案。

创新特色：
　　规划区远景规划空间结构形成"一心五区、一核多廊、绿色生态、景城共融"的生态城市空间布局结构。其中"一心"指县城核心区，"五区"为度假区、东部开发区、河西西片区、河西东片区以及开发区新区。"一核"指天柱山风景公园，"多廊"包括潜水贯穿东西形成的蓝绿生态廊道等。

规划区范围图　　　　　规划区空间适宜性评价　　　　　规划区生态网络规划图

规划区土地利用规划图

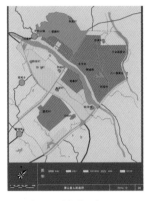

规划区空间管制规划图

规划区村庄控制与引导规划图

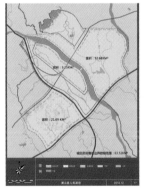

规划区增长边界规划图

建设远景规划图

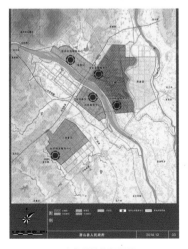

中心区结构规划图

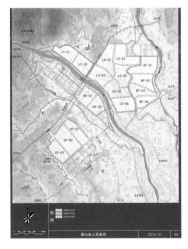

中心区单元规划图

中心区景观风貌规划图

潜山县城规划区空间利用及城区管理单元规划　　叶小群　　**城乡规划专业教师作品**

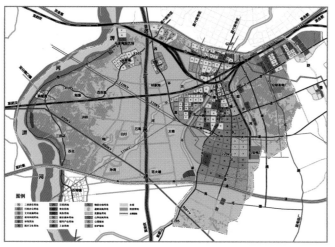

建设用地规划布局图

规划功能结构分析图

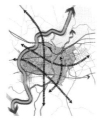

生态空间结构图

项目介绍：
　　本次规划以"绿色城南"生态发展战略为契机，致力于寻求"绿色城南（裕安区）"的发展极核，深度挖掘"绿色城南（裕安区）"的资源优势与动力机制，将绿色发展的理念落实在城市空间当中，打造生态、宜居、有活力、有动力的"绿色城南（裕安区）"。

创新特色：
　　统筹区域资源与现实利益之间的矛盾，实现"统筹兼顾"；综合考虑用地规模与实际需要之间的矛盾，探讨"多规合一"的实践路径；合理分配社会公共资源，实现区域内公共服务设施与基础设施的共建共享；应对中心城区规划及各乡镇发展规划之间的规划协调和发展时序耦合要求，协调经济发展与生态保护之间的矛盾，实现"绿色发展"。

建设用地规模区划图

道路系统规划图

生态绿化网络空间

教育资源分布图

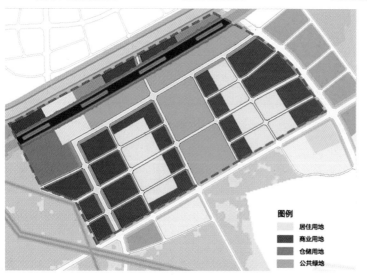

高铁物流片区（东部）用地图

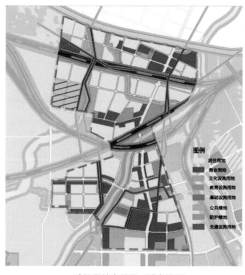

建设用地布局图（城南镇区）

产业综合区用地布局图

循环产业园功能分区图

观光农业区建设用地布局图

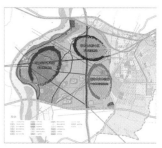

观光农业区功能分区图

六安市"绿色城南"发展战略规划研究　　叶小群　　城乡规划专业教师作品

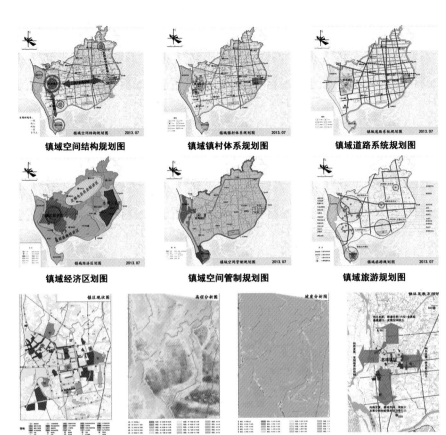

镇域空间结构规划图 　　镇域镇村体系规划图 　　镇域道路系统规划图

镇域经济区划图 　　镇域空间管制规划图 　　镇域旅游规划图

镇区现状图 　　高程分析图 　　坡度分析图 　　镇区发展方向分析图

项目介绍：

　　以"全域城乡规划"理念为基础，充分考虑六安市发展战略对苏埠镇带来的影响，抓住机遇，发挥优势，以可持续发展战略为前提，分析本镇的利弊条件，扬长避短，因势利导，挖掘特色资源，优化产业结构，以发展经济为中心，以商贸为基础，以工业为先导，以旅游业为重点，高标准、高起点规划，提高农业人口的生活质量，争取社会、经济、环境的综合最佳效益，把苏埠镇建设成为安徽省内乃至全国的明星镇。

创新特色：

　　以苏埠镇为一点，以苏戚路、苏横路为主轴，以南高路为次轴，实施"点轴空间开发战略"。苏埠镇优先发展乡镇工业和商业、集市贸易、旅游业等，壮大城镇经济，带动镇域发展。轴线上各村侧重于农业产业化，提高农业现代化水平，率先实现小康，并向更加宽裕的生活水平前进。

　　在规划期内，村镇体系将呈现"中心镇——一般集镇—中心村—自然村"等级结构。结合本镇现状及发展因素，规划将居住分散、位置偏僻、交通不便的自然村庄进行并迁，以形成规模合理的中心村，以便更好地布置各项服务设施。依据管理体制、区域资源、社会经济发展条件的相似性、生产专业化和经济发展方向的一致性等原则，将苏埠镇镇域经济组织为4个经济区：南部旅游业经济区、东部工业经济区、镇区经济区、北部生态农业经济区。

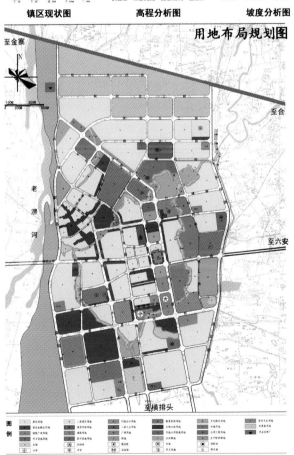

用地布局规划图

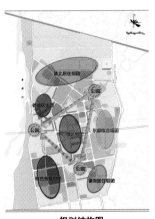

规划结构图 　　绿地景观系统规划图

空间开发：

　　以苏埠镇为一点，以苏戚路、苏横路为主轴，以南高路为次轴，实施"点轴空间开发战略"。苏埠镇优先发展乡镇工业和商业、集市贸易、旅游业等，壮大城镇经济，带动镇域发展。轴线上各村侧重于农业产业化，提高农业现代化水平，率先实现小康，并向更加富裕的生活水平前进。

用地布局规划图 　　近期建设规划图

六安市裕安区苏埠镇总体规划 　　叶小群 　　**城乡规划专业教师作品**

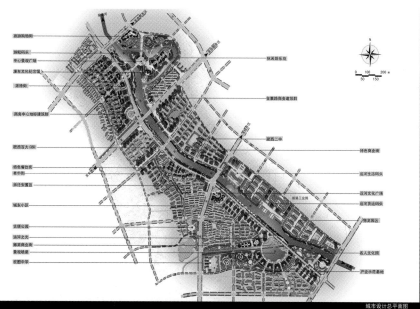

旅游购物街
游船码头
申元景观广场
漕军文化纪念馆
派特街
商务中心地标建筑群
肥西百大CBD
特色餐饮街
老中心
拆迁安置区
城东小区
古埂公园
运河之光
滨运商业街
景观喷泉
紫圈中学

休闲娱乐岛
金寨路商务建筑群
肥西二中
特色商业街
运河生活码头
运河文化广场
运河货运码头
物流园区
名人文化园
产业示范基地

城市设计总平面图

肥西派河滨水区城市设计

总体功能定位:

商业、办公、文化休闲、生态旅游、居仕等多功能组成的城市滨水活力区域;
合肥承接长三角产业转移的"桥头堡",肥西未来城市发展的动力引擎;
合肥西南组团城市形象的展示窗口;
合肥西南组团核心区重要的滨水生活岸线;
环巢湖旅游、肥西水上旅游的集散中心;
肥西历史文化及城市特色的展示平台。

总体鸟瞰夜景效果图

总体鸟瞰黄昏效果图

展现江淮运河的魅力,塑造城市滨水区形象

派特街景观效果图

总体鸟瞰效果图

江淮运河入口夜景景观效果图

| 肥西派河滨水区城市设计 | 李伦亮 | 城乡规划专业教师作品 |

110

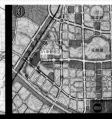

项目名称：合肥八中新校区规划
设计方案

规划主持人：李伦亮（城市规划系）

项目简介：本项目位于合肥市政
务文化新区天鹅湖西南部，规划
总用地面积约 12 hm²，西邻合九
铁路及政务文化新区环城公园，
南接新区主干道习友路。建成后
的新校区规模为 120 班，能容纳
6000 名学生（50 生／班）就读，
其中住校生拟定为 4200 人，规
划总体要求新校区外表美观、布
局合理、功能齐全、经济实用，
体现八中特色。

　　规划采用集中紧凑的功能布
局结构，将教学、生活及运动区
用最简洁三角形空间连接，最大
限度缩短师生步行距离。通过对
建筑高度的控制，使整个校园形
成错落有致、层次丰富的空间效
果。

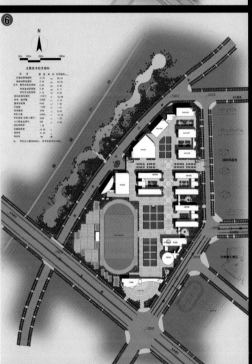

①前期方案总平面；②项目区位一；③项目区位二；④前期方案鸟瞰
图；⑤前期方案夜景岛瞰效果图；⑥实施方案平面；⑦实施方案鸟瞰
效果图；⑧实验楼透视效果；⑨教学楼透视效果；⑩行政楼透视效果；
⑪食堂透视效果；⑫宿舍楼透视效果；⑬～⑯项目实际建设效果

合肥八中新校区规划设计　　　　李伦亮　　　　城乡规划专业教师作品

111

项目介绍:
在城镇打造 4A 级旅游景区目标的指引下,用地功能以旅游服务为主,配以一定的集中公共服务设施和住宅用地。利用滨水景观特点,综合规划滨水商业、居住和文化休闲设施,全面优化滨水用地功能,突出滨水用地功能"公共化"。

规划目标:
打造国家级 4A 风景名胜旅游区,传承历史文化,突出山水城市,建构汉韵徽风的城镇风貌特色。

整体空间特色:
1. 采用徽州传统水口—水圳—水园—宅园的整体空间序列,唤醒整体空间意象;
2. 秉承庄重大方的汉韵建筑形象,重构传统建筑空间组织,营造丰富有趣的街巷空间;
3. 整合现有滨水空间资源,构筑传统园林小桥流水人家的意境,强化滨水空间的亲水性。

鸟瞰图

现状图

现状建筑轮廓线分析图

现状滨水环境分析图

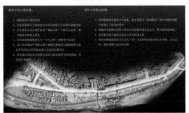

现状主要问题与设计中的核心问题

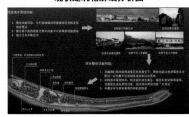

设计构思——整体功能构思

设计构思——关于改建问题

建筑设计构思分析——建筑形态城市设计文化建构1

建筑设计构思分析——建筑形态城市设计文化建构2

核心区规划净用地:3 hm²
容积率控制:0.6~0.8
广场面积控制:2000 m²(上下各15%)
小型宾馆面积:2500~3000 m²
购物超市面积:4000~5500 m²
建筑密度:24%~27%
平均层数:2.2~2.5

总平面图

沿路透视图

立面效果图

六安佛子岭滨水地区城市设计　　　　吴强　　　　**城乡规划专业教师作品**

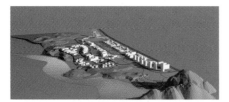

整体鸟瞰图一

整体鸟瞰图二

整体鸟瞰图三

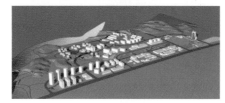

整体鸟瞰图四

项目介绍：
　　以万佛湖镇政务文化中心建筑创作城市设计研究为切入点，展开了城镇空间拓展、地域、历史、文化的城镇风貌特色和城镇旅游文化营造等相关城市问题的研究。
　　整体空间特色：
　　1. 突出建构"山城意象""白描意境""汉韵徽风"的城镇形象特色生成与发展的整体空间城市设计。
　　2. 将建筑设计、规划布局、环境景观有机整合，突出群体空间设计的整合性。以简捷、明快、力度、质感的晚期现代派建筑风格，庄重、质朴的职能形象，以及极富雕塑感的建筑形态空间来隐喻"山水建筑""白描意境"。
　　3. 在节奏中寻变化，在对比中求统一。整体空间设计丰盈而透溢着文化传承、文脉时空、时代特色的城市设计意境。

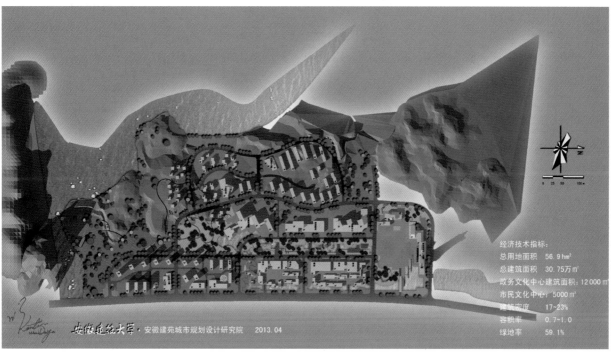

安徽建筑大学·安徽建苑城市规划设计研究院　2013.04

经济技术指标：
总用地面积　56.9 hm²
总建筑面积　30.75万 m²
政务文化中心建筑面积：12 000 m²
市民文化中心　5000 m²
建筑密度　17~23%
容积率　0.7~1.0
绿地率　59.1%

总平面图

鸟瞰效果图

主体透视图

附属建筑效果图

建筑创作意境分析图

夜景效果图

政务文化中心大厦南立面

万佛湖镇政务旅游文化新区建筑创作与城市设计　吴强　　城乡规划专业教师作品

城市设计意境图

夜景透视图

南透视图

南立面图

项目介绍：
　　以彰显苏埠历史文化名镇自然地理特征与历史文化特色为目标，以鼎的形态建构为主导，辅以山势、民居历史建筑形态、红色文化、"现代都江堰"等名城历史人文特质来突显政务职能形态空间的文化艺术审美品质与历史名城旅游文化场所空间的营建。

　　创新特色：
　　突出政务中心建筑形态创作的雕塑感及建筑形态特质要素"帆、坝、名城、山势、鼎象"的多异性与相似性的相融、整合。在突出历史名镇文化的同时，更加突显政务职能形象时代特质下"鼎象"的形态与内涵的隐喻——"中国梦"下的历史名城美好未来。
　　"鼎"与"鼎"字的文物与汉字艺术形态的政务大厦建筑创造，实是源于"鼎"的记事、铭刻、政权的象征，亦有"合力、鼎承、鼎盛"的时代演绎。
　　门景建筑的创造，以"旗帜、星辰"为创作命题，实是源于历史名镇"红色文化苏家渡会战"、毛泽东"围点打援"军事思想实践的象征隐喻，以中国传统国画、剪纸艺术形态来组织建构。

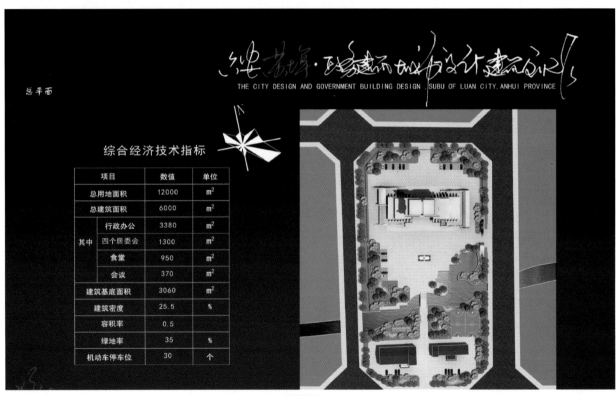

总平面

THE CITY DESIGN AND GOVERNMENT BUILDING DESIGN , SUBU OF LUAN CITY, ANHUI PROVINCE

综合经济技术指标

项目		数值	单位
总用地面积		12000	m²
总建筑面积		6000	m²
其中	行政办公	3380	m²
	四个居委会	1300	m²
	食堂	950	m²
	会议	370	m²
建筑基底面积		3060	m²
建筑密度		25.5	%
容积率		0.5	
绿地率		35	%
机动车停车位		30	个

总平面图

北面场地空间鸟瞰图

门景透视图

门景西立面

政务文化大厦南面透视

项目介绍：
政务中心建筑创作命题是以六安的城市文化特质——红色文化、革命老区、将军摇篮作为创作理念。以"旗帜"的文化艺术形态来构建政务建筑的形态空间。隐喻着以中国共产党人为代表的古往今来为民族振兴、时代发展而努力奋斗的历史的旗帜：无数英明先哲；时代的旗帜：改革开放、皖江开发、产城融合、梦想中国；未来的旗帜：承前启后，继往开来。
建筑创作与城市中心区的整体空间建构：政务中心建筑创作与东部新城城市中心区整体形态空间建构互为整合。强调基于政务中心建筑创作的东部新城城市中心区群体建筑空间组合："势形东南、山韵凤凌"形态背景下的"旌旗掠掠"。

创新特色：
城市中心区群体建筑以商务、酒店、办公、餐饮、休闲、娱乐、体育、居住等为主，功能互补，相对集约，突显建筑综合体与城市建筑综合体的整体形态空间组织。

政务文化大厦北面透视

政务文化大厦鸟瞰1

政务文化大厦夜景透视

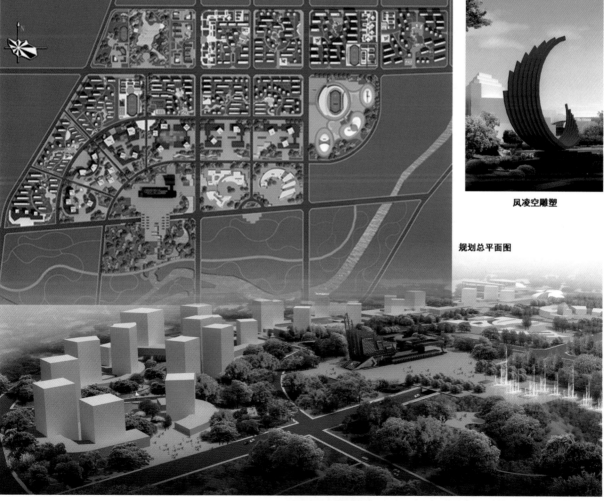

凤凌空雕塑

规划总平面图

政务文化大厦鸟瞰2

六安东部新城城市中心区与政务建筑创作城市设计　吴强　**城乡规划专业教师作品**

功能分区图

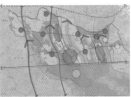

规划结构图

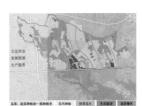

产业空间布局图

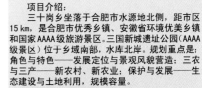

项目介绍：
三十岗乡坐落于合肥市水源地北侧，距市区15 km，是合肥市优秀乡镇、安徽省环境优美乡镇和国家AAAA级旅游景区。三国新城遗址公园（AAAA级景区）位于乡域南部，水库北岸。规划重点是：角色与特色——发展定位与景观风貌营造；三农与三产——新农村、新农业；保护与发展——生态建设与土地利用，规模容量。

功能定位：
三十岗乡是合肥市近郊水源保护型生态旅游乡村，同时又是城市水源涵养地、生态和谐栖息地、休闲旅游目的地、水源养生疗养地、三国文化产业园、蔬菜瓜果种植园、社会职能承接区、旅游农业示范区。

创新特色：
本规划坚持生态成长理念、产业协同理念、社区经营理念、集约节约理念、"3S+3L"理念。3S是指Small（小型规模，空间形态方面）、Slow（慢节奏，行为心理层面）、Sustainable（可持续，本质目标层面）；3L是指Low carbon、Long term、Logic Development（低碳，发展模式层面）。

空间利用规划图

土地利用规划图

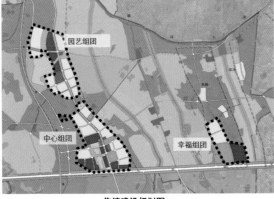

集镇建设规划图

居民社会调控规划图

空间管制规划图

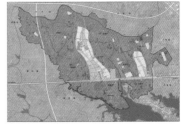

五园建设——新家园规划图

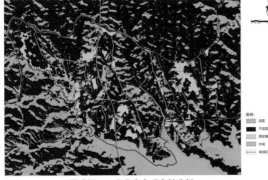

五园建设——农业生态适宜性分析

五园建设——视觉敏感度分析

五园建设概况图

旅游规划图

生产设施规划图

慢行交通系统规划图

安全设施规划图——水源地安全

景观风貌规划图

绿化体系规划图

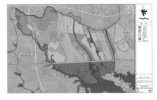

生态保护培育规划图

合肥市三十岗乡总体规划　　　杨新刚　　　城乡规划专业教师作品

业态分布图

业态功能分区图

项目介绍：
　　步行街区将建设成为具有地方特色和国际水准、宜业宜居、充满活力的现代商业文化中心区。街区重点发展现代服务业，突出商业商务、特色餐饮、休闲娱乐和商贸旅游等新兴服务业；集购物、饮食、休闲、娱乐、旅游为一体，传统文化与时尚元素相结合的安徽第一、国内知名慢行休闲街区。

　　创新特色：
　　1. 产业提升策略——规范低端、引入高端、转换集聚、发展特色；
　　2. 空间整治规划——疏通街巷、添补广场、混合使用、分类引导；
　　3. 交通重组策略——改善车道，拓展停车；慢行优先，交通管制。

特色街建设图

拆除建筑设施示意图

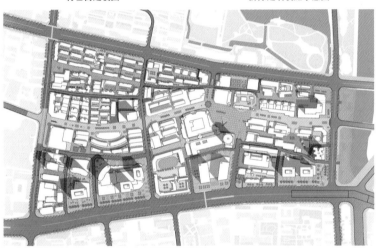
空间总平面图

开敞空间组织图

地下空间开发利用图

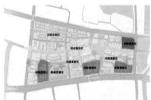
更新整治分区图

道路交通规划图

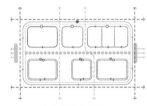
车行交通组织图

慢行交通组织图

机动车停车组织图

非机动车停车组织图

业态引导图

特色街建设示意图

徽生灰色淮河路，流行时尚步行街

合肥市淮河路步行街区更新改造规划设计　杨新刚　　城乡规划专业教师作品

项目介绍：
随着蚌埠市综合实力的增强，城市建设日益加快，城市产业结构和用地结构调整（退二进三），城市空间亟待扩展。规划区拥有优越的交通区位优势、良好的自然环境优势，是未来城市东拓的重点区域。

创新特色：
城市化地区，城乡接合部——整合空间合理布局；用地功能：工业物流企业用地布置影响风景区环境，同时消弱了规划区土地的开发价值。城中村，高压线穿插——用地置换、"退二进三"与周边环境融合，提高土地开发价值。配套设施：公厕、垃圾站等缺乏，设施配套不足——完善相关配套设施。道路交通：周边道路亟须完善，停车设施不足——细化道路，优化交通。开发建设：建设随意性大，零星开发建设，缺乏规划控制指引——引导土地开发。景观环境：工业物流企业较多，景观环境较差——塑造区域景观特色。

鸟瞰图

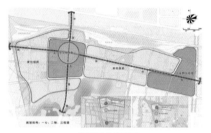

规划结构分析图

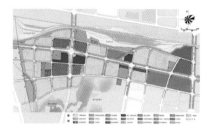

土地利用规划图

景观系统规划图

城市用地整合图

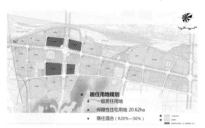

经营性用地规划图

四线控制图

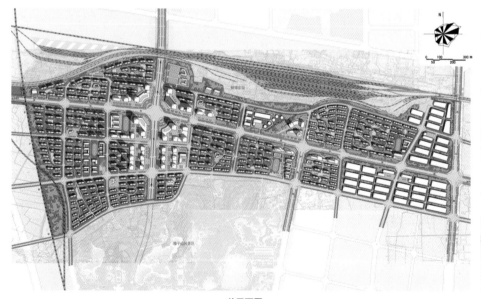

总平面图

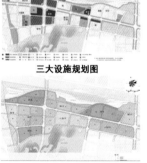

三大设施规划图

街区地块编码图

地下空间规划图

蚌埠东站南侧地区控制性详细规划　　杨新刚　　城乡规划专业教师作品

鸟瞰图一

鸟瞰图二

项目介绍:
规划实现村庄人居环境、产业发展、社区服务和精神文明的全面提升,逐步把高埂村打造成为环境优美、村容整洁、高效农业、生态旅游的美丽乡村。

创新特色:
结合孩子喜欢大自然和亲水的特点,依托老民居开发陡河沿滨水空间,打造青少年励志教育、素质拓展、水上垂钓、农家生活体验区,寓教于乐。

村庄布点规划图　　　　　村庄规划结构图　　　　　村庄产业分布图

县域旅游规划图

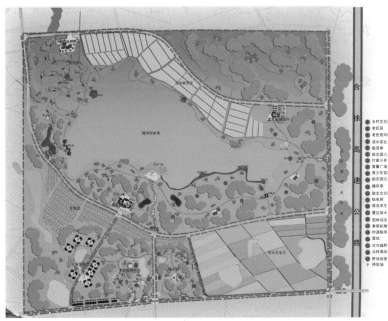

拓展区概念规划平面图

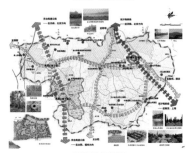

村庄旅游规划图

拓展区概念规划功能分区图

拓展区概念规划景观分析图

案例借鉴

主要节点意向图一

核心区详细规划总平面图　核心区详细规划功能分区图　核心区详细规划景观分析图

超觉寺意向图

付家小井意向图

陈思古堆意向图

定远县吴圩镇九梓高埂村规划　　杨婷　　城乡规划专业教师作品

县域规划空间层次图

县域"三区"划定图

县域保护与开发边界划定图

县域生态空间格局规划图

县域主体功能分区规划图

县域城乡用地现状图（2013.12）

县域城乡用地规划图

集中建设区布局结构图

集中建设区用地布局图

项目介绍：
为贯彻落实中央深化体制改革和推进新型城镇化的决策部署，探索以城乡规划为基础的"多规合一"工作方法；建立统一的空间规划体系，节约空间资源，加强城乡空间管控，提高行政效能，提升社会治理能力，促进城乡经济社会全面、协调、可持续发展，特制定《寿县总体规划（2013—2030年）》。

创新特色：
贯彻新型城镇化发展要求，结合合肥经济圈一体化发展、区域交通改善、空港经济示范区建设和区域旅游一体化发展契机，通过传统产业升级、新兴产业培育、旅游产业壮大、服务功能完善，整合县域空间资源，促进乡村人口向城镇的聚集、产业向园区的集中，推动县域经济社会的快速发展；强化生态环境保护与生态建设，加强水环境保护与整治，加强基本农田保护，积极发展现代农业；加强历史文化资源保护，整合名城、名山及水利资源，优化古城山水格局，提升县城的综合竞争力和影响力，打造特色明显的宜居、宜业、宜游之城。
规划寿县生态空间格局为"三核四脉，双环双心，多廊渗透"。

集中建设区四线规划图

远景规划图

寿县县城总体规划　　　　马明　　　　城乡规划专业教师作品

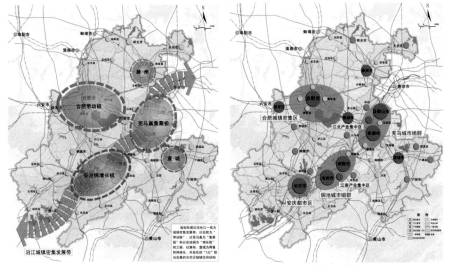

项目介绍：
为落实《皖江城市带承接产业转移示范区规划》，促进皖江城市带承接产业转移示范区城镇协调发展，优化示范区城镇体系，指导区域工业化与城镇化互动发展，统筹示范区空间利用，编制《皖江城市带承接产业转移示范区城镇体系规划》。努力把皖江城市带建设成为产业实力雄厚、资源利用集约、生态环境优美、人民生活富裕、与长三角地区有机融合、全面协调可持续发展的示范区。

总体定位：
立足安徽，依托皖江，融入长三角，连接中西部，积极承接产业转移，不断探索科学发展新途径，努力构建区域分工合作、互动发展新格局，把示范区建设成为合作发展的先行区、科学发展的试验区、中部地区崛起的重要增长极、全国重要的先进制造业和现代服务业基地。

城镇空间组织图   **城镇体系规划图**

空间组织：
形成以沿长江一线为城镇密集发展带，以合肥为"带动极"、以芜马巢为"集聚极"和以安池铜为"增长极"的"三极"，以滁州、宣城为"两星"的网络化、开放化的"132"联动发展的示范区城镇空间结构，以"一带"为主轴线、"三极"为顶点、"两星"为节点，促进合肥经济圈、合芜蚌自主创新综合试验区、皖江城市带承接产业转移示范区联动发展，构建省域经济发展的核心区域。

创新特色：
本规划关注区域整体发展，探索示范区城市联动发展以及跨区域合作的新途径，提出皖江城市带融入长三角城市群建设的路径。建立区域协调机制，引导和调控各项建设活动，提出区域空间管治要求，建立健全实施保障机制，提升政府对空间资源的管治能力、区域与城镇间的协作能力。

集中区分布图   **生态保障体系规划图**

综合交通规划图   **过江通道规划图**   **长江港口岸线利用规划图**   **电网布局规划图**

社会服务设施规划图   **主要基础设施廊道控制图**   **区域绿地规划图**   **区域空间管制规划图**

皖江城市带承接产业转移示范区城镇体系规划   夏永久   **城乡规划专业教师作品**

项目介绍：
　　临涣镇坐落在美丽富饶的淮北平原，是一座具有三千多年文化历史，被古城墙环绕且有多处文物古迹的省级历史文化名镇。
　　本次规划通过梳理临涣镇的文物古迹、城镇特色、自然和人文景观等，保护和延续临涣镇传统格局和风貌，继承和弘扬优秀传统文化，突显临涣历史文化名镇的特色，同时在有效保护临涣镇文化遗产的基础上，统筹安排临涣镇各个历史地段的建设工程，改善城镇居住环境，适应现代人们对物质与精神生活的需求，促进临涣镇的社会经济发展。
项目宗旨：
　　本次规划旨在保护临涣镇历史文化、自然资源，传承临涣镇自然人文特色和历史文化环境，保护与发展并举，适应居民现代生活的物质精神需求，最终将临涣镇建设成为区域性的，以古城墙、文昌宫、茶文化为代表的文化生态型旅游休闲度假地和爱国主义教育基地、春秋古城、淮海名镇。

▲ 核心保护区规划图

▲ 建筑分类保护规划图

▲ 实施时序规划图

▲ 视廊控制规划图

▲ 道路交通规划图

▲ 空间展示规划图

▲ 临涣路效果图

▲ 明清老街效果图

▼ 其他节点效果图

淮北临涣历史文化名城保护规划　　肖铁桥　　城乡规划专业教师作品

项目介绍:
　　连河村隶属于安徽省合肥市庐江县同庄镇,东接白山大桥,南临白石天河,全村产业结构以稻麦种植为主,蔬菜、瓜果种植与养殖业为辅。
　　本次规划通过对现状村庄肌理、建筑性质、建筑高度和质量、村庄环境等进行深入分析,确定村庄现状有哪些需要延续的优势,存在哪些亟待解决的问题,根据分析结果,提出"一减三提升"的村庄发展策略,在保留连河地区圩畈特色,构建区域生态安全基本格局的前提下做减法,推进土地整治,逐步引导村民由"圩上"走向"圩下",人口向中心村或者城镇集中,低效率的生活空间让位于生态空间。
　　项目宗旨:
　　本次规划应注重维护村落良好的生态环境,在充分利用地方资源的同时,注重保护农村的田园风貌,塑造自然、生态、和谐的社会主义新农村;尊重当地文化和价值观,传承乡村原有肌理,保护乡村原有特色和风貌,尊重当地的历史文化和社会文化;加强可持续发展的指导,利用国土部门开展土地复垦工作的契机,优化人居环境,提高服务水平,注重建设时序安排,加强对可持续建设发展的指导。努力将连河打造为宜居、宜游的田园乡村,吸引外流劳动力返村就业,带领村民脱贫致富。打造以"果蔬采摘、莲米种植"为核心品牌的乡村产业,推动休闲产业纵深发展,建设对外部开放包容、对内部舒适宜居的村庄,创建成为庐江的美丽乡村典范。

村庄规划总平面图

规划结构图

竖向工程图

用地规划图

道路规划图

村庄入口节点效果图

景观池塘效果图

村民广场效果图

村部改造效果图

庐江县连河村村庄建设规划　　　　肖铁桥　　　城乡规划专业教师作品

项目介绍：
　　2015年初，合肥市提出建设包公文化主题公园，着力打造"一片、一路、一点、一面、一园"五位一体的闭合循环的文化旅游圈，作为其中"一面"的肥东县，利用坐落在该县包公镇小包村这一包公出生地所在的村落，以包公祠及族谱文化等为依托，进一步打造具有包公本真特色的文化旅游景点。
　　肥东包公文化园坚持错位发展，体现特色发展，不搞大而全，与开封、肇庆的"包公"牌不同，做我有人无的文章，主打包公文化中的寻根文化、族谱文化、孝亲文化。遵循"高起点规划、高标准设计、高质量建设"原则，提升包公文化园的品位、品质，真正将其建设成为一个功能布局合理、历史底蕴深厚、配套设施完善、自然生态良好、景观风貌突出的集传统文化、廉政文化、旅游文化为一体的文化园，成为凸显美丽肥东的新名片。

龙山核心区现状图——山形水系

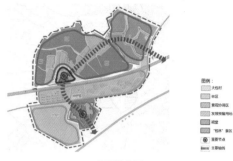

规划结构图

包氏故居效果图

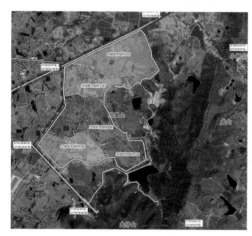

东立面

南立面

北立面

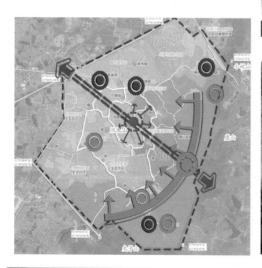

肥东县包公镇文化旅游概念规划　　　肖铁桥　　　城乡规划专业教师作品

项目介绍：
巍岭乡夹河村规划区总面积 63.42 hm²，现状用地以农田和园地为主，占到总用地的 70% 以上，建设用地主要为村民居住用地和道路用地，村庄外围环绕山林和产业园区，内部河流水系丰富，散落分布其间，村民居住用地围绕道路形成多个村民组，整体的层次很分明。

创新特色：
力争达到六个标准：乡村特色鲜明、村庄布局合理、功能设施齐全、交通便捷畅通、生产生活便利、生态环境优美。努力改善农村生产生活条件，提高农民生活质量，促使农村整体面貌有较大改观，逐步把农村建设成为"生产发展、生活宽裕、乡风文明、村容整洁、管理民主"的社会主义新农村。充分合理地利用土地资源和空间资源，为把夹河村建设成为环境优美、特色明显、文化气息浓厚、服务功能完善的新型村庄而奋斗。

整体鸟瞰图

村域规划分析图

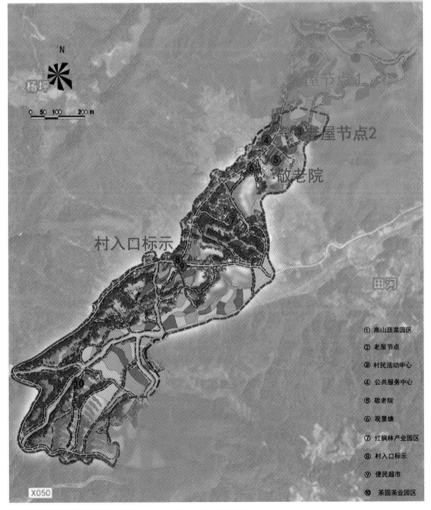

① 高山蔬菜园区
② 老屋节点
③ 村民活动中心
④ 公共服务中心
⑤ 敬老院
⑥ 观景塘
⑦ 红枫林产业园区
⑧ 村入口标示
⑨ 便民超市
⑩ 茶园茶业园区

中心村总体布局图

中心村用地现状图

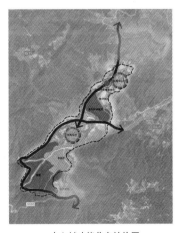

中心村功能节点结构图

岳西县巍岭乡夹河村美好乡村规划　　张馨木　汪勇政　**城乡规划专业教师作品**

项目介绍:
　　由于该村与国家体育训练基地和乡集镇的区位较近,不宜大力推进旅游服务设施建设,该地区应重点保护自然风貌,显山露水,传承"乡愁",保持村落既有风格与功能。

创新特色:
　　尊重现有自然格局,保护中部农田,围绕环形路网,形成"一环、一脉、五片、四组团"的空间结构。一环:姚畈中心村的环形发展带,串联起整个村落的生产、生活。一脉:既是姚畈中心村的水系景观带,也是农业生产用水、山体雨水排放的主要通道。五片:围绕环形发展带和居住组团形成的生态农业片区,发展以高山蔬菜、茭白等为主的绿色生态农业,也是姚畈村田园风光的集中展示区。四组团:结合现有村民住宅分布形成的四个居住组团,结合两个较大的居住组团完善村级服务设施。

整体鸟瞰图

村民综合广场效果图

文化活动中心广场效果图

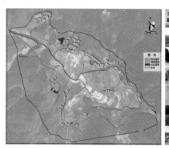

中心村现状图

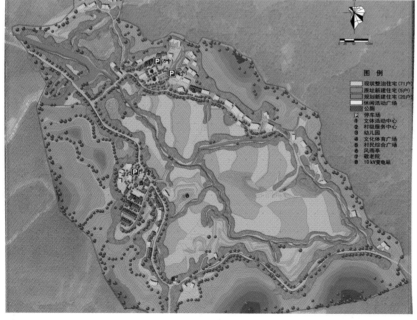

总平面图

中心村功能结构图

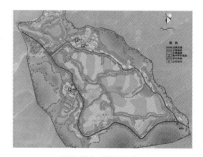

道路系统及停车设施规划

岳西县石关乡姚畈村美好乡村规划　　　马明　宋祎　　城乡规划专业教师作品

126

项目介绍：
　　大歇村将建设成为现代农业发展示范基地，重点发展粮食、茭白、大叶葵等种植产业及生猪规模养殖和特种养殖；建设以休闲旅游为主的田园旅游特色村落，重点发展以休闲、体验、农家乐为主的乡村度假旅游。
　　创新特色：
　　（1）田园景观界面：村庄四周有小面积的生态农田，虽然范围不大，但乡土气息显著。
　　（2）山体景观界面：村庄的四周均为连绵山体，作为村庄的绿色背景，竹林与茶树遍布山体。
　　（3）乡村景观界面：大歇村主要干道两边零散分布着居民点，居住建筑风貌较好。
　　（4）水面景观轴线：村庄内有小河穿过，水质清澈见底，并与四周水体景观连成一片。
　　（5）绿地景观节点：利用村庄各个方向入口的节点、内部中心节点、滨水景观的节点设置了多处公共绿地空间。

整体鸟瞰图

村域现状分析图

中心村现状总平面图

景观系统规划图

▲ 整治前照片　　　　　▲ 节点放大图

新村部入口节点整治图

整治方法：
　1. 屋顶：保留现状红瓦白墙建筑，其他建筑统一风格，改为红瓦坡屋顶，并做防水处理。
　2. 墙面：修补破损墙面，并重新粉刷，刷白色漆或贴白色面砖。
　3. 广场：增加景观树池以及树池周边的座椅；广场非临近道路两侧增加文化宣传墙，墙面文字以大歇文化为主。
　4. 道路：清理道路交叉口处垃圾杂物，拆除影响景观的标志牌以及乱搭乱建的建筑物，平整地面，保持建筑周边及道路两侧干净整洁。

规划总平面图

推荐安置住宅效果图

城乡规划专业学生竞赛作品

Competition works of students majoring in urban and rural planning

围城心态

"城外的人想进去，城里的人想出来。"
原住民要拆迁，专业人员要保护；
政府要调遣调整，开发部门要经济发展；
原住民要完善设施，机关单位要搬出……
……

区域位置分析

1.寿县印象
寿县是国家第二批历史文化名城，楚文化发祥地，中国豆腐的发祥地，漆水中流经的地方，有"地下博物馆"之称，古城位于县城北端，四面环水，北与八公山隔淝水相望。

2.现状发展概述
拆旧仿古，对历史传统保护不力，基础设施建设滞后，生活条件待改善，新城建设初具雏形，老城面临人口产业疏解，"想出去"。

3.基地区位关系
基地主体位于老城十字大街中心西侧内侧，历史遗存较丰富，传统街巷格局保存完好，功能体系待梳理整合。在寿县新一轮的古城规划中，将该片区定位为传统文化体验区。

地域文化特色

1.楚风遗韵
楚寿城是战国末年楚国最后的都城，是中国南方地区不可磨灭的大型先秦城市；后曾南王都于此历经五国都城，汉、魏、宋曾为繁华之地。

2.历史遗址
城墙、护城河、四角塘、"金汤巩固"、"崇墉障流"，自宋代以来的城防体系保存完整，延续着传统的街巷格局，包括十字大街（楚）、清代街巷在内的54条传统街巷。巷内穿插着以清真寺、孔庙、大夫第建筑群为代表的明清建筑群。

3.民俗工艺
寿县传统民俗工艺丰富，其中八公山豆腐、正阳时鱼、大救驾以及紫金砚台驰名全国闻名。目前已整理鸿顺店、云香斋、隐家布店、鼎源钱庄、中华药房等50余家传统老字号，曾经的繁荣可见一斑。

4.名人典故
寿县历史上名人典故众多，春秋战国春申君施政于此，淮南王刘安八公山修行，孙叔敖芍陂塘治水，历史上著名的肥水之战便发生于此，"风声鹤唳，草木皆兵"皆描述八公山山峦风光。

5.自然风光
寿县山水城的体系一直延续，形成了"青山横北廓，白水绕东城"的自然格局，历史城区北临淝水，背枕八公山，鹭翔北堤八公山郁郁葱葱，淝水平阔明静，渔舟往来，笔从摇曳，风景如画。

相关案例借鉴

1.国内古城保护开发案例

通过对平遥、凤凰、荆州、丽江等国内历史文化名城的发展分析，总结出以下经验：
1.保护是古城发展的基本出发点，传承价值信息是古城保护的核心；
2.延续传统文化、复兴社区，为历史老街区注入活力是古城发展的最终目的；
3.适宜的设施改造是古城发展的基本需求，切合于原有肌理的适度更新建设也是有利于古城价值传承保存的；
4.古城保护须循序渐进，快速建设、急于求成极易造成负面效果。

蒙江古城 丽江古城

2.国外古城更新保护案例——巴塞罗那古城

1.老城区的新生：针对治安现状、公共设施建设滞后的情况，划定了城市的全面改造区域，并尽早设置了一个统一的管理机构。

2.针对每个住户定制方案：不会强制性地让居民离开自己生活的街区，而是会妥善安置到旁边两户改造过的房子里居住，重新装修。

3.历史建筑分类保护：明确标出保护的等级。A级保护建筑绝对不容许拆毁，而D级则允许拆除，但必须要保留很详细的记录。

4.工业遗址的再利用：改造必须保留历史元素，反映该地区的活力和新的生命。

上位规划解读

《寿县老城区控制性详细规划》
外迁行政中心，形成以居住和旅游功能为主的城市片区；疏解人口，保护古城，发展旅游。

《寿县历史文化名城保护规划》
古城墙100 m范围内建筑限高8m；划定保留棂棂巷一状元街等巷保护街区并明确建设控制要求。

基地周边关系

SITE 28.7hm²

十字大街作为寿县古城整体格局的骨架，聚集着古城内最主要的商业、文化、行政办公设施以及大量历史建筑遗存，是古城的核心空间所在。同时，古城最主要的出入口——通淝门（南大门）对感受古城形象至关重要。

现状综合分析

现状用地分析图　现状遗址街巷分析图　现状建筑质量分析图　文物古迹分布图

基地要素分析

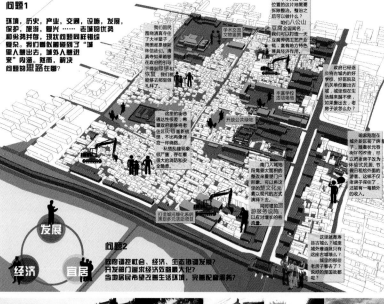

问题1

环境，历史，产业，交通，设施，发展，保护，旅游，复兴……古城的优势和劣势并存，现状问题同样错综复杂。我们欣喜捕捉到了"城里人想出去，城外人想进来"内涵。然而，解决问题的思路在哪？

发展
经济　宜居

问题2
政府调控社会、经济、生态协调发展？开发部门追求古城经济效益最大化？当地居民希望改善生活环境、完善配套服务？

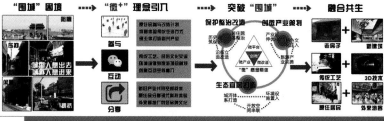

1.寿县博物馆　2.窝学　3.清真寺　4.留犊祠巷　5.高台子建筑群　6.通淝门

1 用地功能混杂，急需整合
地段内现状用地以居住功能为主，但其他诸如商业、工业用地杂混其间，造成功能上的相互干扰。

2 交通体系差，急需管控
地段内现有的交通体系已无法满足现代化的需求，造成机动化太重占据街巷空间，滞后的管制措施加剧了内部交通的混乱状况。

3 文物古迹破败，急需保护
地段内现存许多大量古建筑群等古迹遗址，如清真寺、大夫第建筑群、东十房建筑群等，但现状都已破败不堪，早已失去了应有的功能作用，有的在现实中已难寻踪迹。

4 公共设施匮乏，急需增补
地段作为古城商业中心和聚居片区，人口稠密，但相对应的基础设施和公共服务设施严重缺失，设施置之，无法满足现代化居住生活和现代旅游文化需求。

5 开放空间不足，急需拓展
密集的建设和无序的管理导致地块内空间过于拥挤，必要的绿色公共空间缺乏，无法满足居住民以及外来者的空间休憩需求。

6 老龄化与民族融合问题需受关注
新区建设带来的青年外人口外迁加剧，加剧了古城内部的老龄化问题。关注老年人口的社会生活需求应当被放在重要位置，同时该地段为古城内回民聚居之地；三大宗教以及传统儒家思想在此碰撞。

主题概念解析

分析古城围城现状，融合微时代参与、互动、分享理念，以微+围技术提升地段的活力，实现多元要素和谐共生。

"围城"困境 ➡ "微+"理念引入 ➡ 突破"围城" ➡ 融合共生

张秀鹏 吴军

城市设计竞赛作品

"突围"之计 "创微"之招 微+围城　寿县古城南门历史地段城市设计

方案特色

方案以梳理和延续传统街巷空间为设计脉络，力求将历史文化资源、创微特色产业、公共开放空间以街巷为串联载体，在古城的原真肌理的前提下，完善各类业务配套，满足居民的现代生活需求，同时以古城墙为媒体展示楚国故都风貌，促进新兴旅游商业经济的发展，对于展现寿县古城的新气象。

（1）寿县古城内历史遗存的见证空间与传统街巷格局，力求建筑风的历史见证性与原真性图纸与传承；
（2）创微产业的引入，微空间的置入与微技艺的应用，使老城焕发活力。
（3）现代生活的完善与旅游文化的经营、游览相融合。

规划系统分析图

功能结构分析
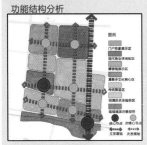

道路街巷系统分析

景观绿化系统分析
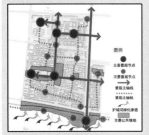

城市设计要素控制

建筑拆建分析

总平面图展示

分层空间解析

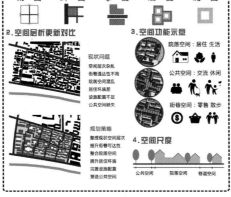

过程草图展示

张秀鹏　吴军

城市设计竞赛作品

设计游线分析

1 活动流线分析

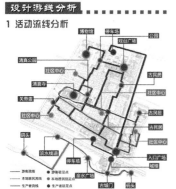

博物馆　停车场
戏台广场　公园
清真公园
社区中心
清真寺　古民居
关帝庙
社区中心
社区中心
清真寺
码头　古民居
跌水楼道　社区中心
停车场　入口广场
景水公园　城楼
古城门　码头

游客流线　本地居民流线
生产者流线　本地购物驻足点
生产者驻足点

2 旅游路线规划

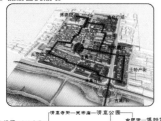

博物馆　广场
土特产街
古城门

古城门—入口广场—
土特产街—留犊祠巷—清真寺—双门广场

鸟瞰效果图

古城青巷觅旧游
探源寻味老寿州
绿映楚都风雅
水影寿州人家

清真寺—留犊祠巷空间意向

1.地段平面图

清真寺　清真公园　大夫第建筑群　东十房建筑群

2.功能定位

发展定位：文物建筑群和传统街巷保护地段，片区核心绿化开放空间，明清传统民居文化体验区。

主导功能：明清民居文化体验
传统手工艺品展示
清真寺宗教活动中心
开放公园休憩

3.保护建筑风貌复原

清真寺

明清民居

4.节点空间展示

清真寺公园

大夫第建筑群

重点塑造明清文化符号，以水墨精神为主题，与清真教义作衔接，打造民居、宗教和公园相互融合，相互渗透的空间场所。

传统街巷空间意向

建筑与公园形成巷，其空间尺度有收有放，将原来过于围墙的黑色空间变为公共开敞的绿色空间，景观舒适恰人。

古建筑群与传统民居形成巷，将民居部分功能置换，形成商业界面，历史建筑有参观功能，用绿化衬托出其古朴、幽静的气质。

创微空间展示

空间一：城墙慢行，扫码积分

参与　鼓励外来旅客与本地居民参与环城墙慢跑、骑行，通过指定位置的二维码投放点，扫描电子屏上的二维码，通过计算机系统的二维码数量来进行奖励，旨在倡导绿色健康生活方式。

空间二：公共节点，覆盖Wi-Fi

互动　老城内主要绿地广场，重要公共建筑如清真寺、古戏台、大夫第建筑群，都将覆盖免费无线网，同时会推送该地服务和附近的历史环境资源和旅游服务信息，增加人群互动性。

空间三：小微作坊，自由空间

分享　由广场改造而来的商业作坊车间，内部空间较大，把橱窗活动划分和组合等隔间，各家手工作坊可以自由发挥，体现微生活的自由性与共享性。

空间四：微创业，溯于生活

融合　基于老城区旧房改造，原本单一的居住性质再有机改造成适应现代生活的私家寨式或活动俱乐部，将传统工艺与现代技术相结合，共同激发老城的活力。

南大街空间意向

1.地段平面图

寿春人民医院

楚都大剧院
锣鼓戏台广场
楚韵酒铺街

状元街大街

南门人家牌坊

2.功能定位

发展定位：古城商业休闲旅游核心区，楚文化与地方特色主要展示界面。

主导功能：古城墙游览观光
旅游接待管理服务
农家特色美食
精品商业街
养生会所

熊都大剧院　楚韵酒铺
锣鼓戏台
八公山豆腐工坊

3.建筑意向

楚韵遗风　古今交融

古城楼（保护）　商业街（改造）　新街区（融合）

4.节点空间展示

打造古城的门户形象，完善再现古城墙城墙与楚城市内旅游广场内外相呼应。

通淝门入城广场

整治立面之后的商大街商业门面线清现以及橱窗界面，从能形相到立本末端里看大街的繁荣景象。

沿街商业店铺

锣鼓戏台广场

以寿县地方特色豆腐文化、正宗锣鼓、八公山豆腐制作等，打造豆腐美味、品尝、推广、观赏的体验式产业。

改造废弃汽修工厂，重新引入豆腐文化，塑造八公山豆腐制作工坊

八公山豆腐制作工坊

城市设计导则

1.楚风商业中心导则控制

| 图例 | 主体建筑控制线 | 开敞空间控制线 | 绿化空间控制线 | 主要步行出入口 | 停车位 |

图例	地块编号	用地性质	面积	容积率	建筑密度	绿地率	建筑限高	色相	鲁班	备注
F-01	A51	0.19hm²	<3.2	<35%	≥25%	4m	16m	灰绿	S42	新建
F-02	B1	0.70hm²	<3.5	<40%	≥25%	—	16m	暖黄	A21	新建

2.南门入口商业导则控制

| 图例 | 主体建筑控制线 | 开敞空间控制线 | 绿化空间控制线 | 主要步行出入口 | 停车位 |

图例	地块编号	用地性质	面积	容积率	建筑密度	绿地率	建筑限高	色相	建议建筑	备注
A-01	BR	0.10hm²	<3.5	<35%	≥25%	4m	12m	暖红	G3	新建
A-02	B1	0.67hm²	<3.0	<40%	≥25%	4m	8m	暖黄	S42	新建

南大街沿街立面效果展示

张秀鹏　吴军

城市设计竞赛作品

133

老屋"红"巷 话时光 ——黄山祁门县城祁山街区城市设计

区位分析与上位规划解读

区位分析 Location

黄山是我国首批唯一拥有两处世界遗产地的地级市，处于多个旅游圈之间的经济文化交流最大的地域之上。各旅游圈之间的经济文化交流最大提高黄山旅游在华中地区乃至全国的影响范围。

黄山地处于安徽省最南端地跨浙苏三省结合部。融黄山省立体交通网络的逐步确立，黄山将与华东、华中主要城市形成1小时至2个小时交通圈。这将进一步增强旅游市场。

祁门位于黄山市西郊范围，西距庐山290 km，东北距离九华山210 km，东南距山景区90 km，地处连接东部旅游服务和西部游的黄金通道之上。祁门旅游系统是"两山一湖"旅游系统的重要组成部分，是黄山旅游的新中心。

地块位于祁门县老城区境内，北起怀玉路，南至新兴中路，西到桂公路，东距阊江主路，规划面积13.1 hm²，区内绝大部分地为居住用地，存在具有历史意义的历史建筑，是祁门县重要的文化体验街区。

上位规划 Master Planning

《黄山市城市总体规划》(2008—2030)

祁门东街作为旧城风貌区，应主要反映城市形态的历史演替发展。

城市特色分析

地域特色 Geographical Features

1 建筑特色
徽派建筑集粤川山川风水之灵气，融风水文化之精华，风格独特，结构严谨功能精湛，具有白墙黑瓦的地方特色，尤以居民、祠堂和牌坊最为典型，誉为"徽州古建三绝"，典型要诀有"四水归堂"。

2 民俗文化特色
徽州古戏等傅统戏曲形式代表了徽州文化的形式成就，其影响广泛使得它知名全国众多县市。

3 历史名人特色
曾国藩行辕位于祁门县城区仁里一条深巷的弄里堂，建于清道光二十四年(1844年)四周砌青石，进二进院并有后的后堂。

4 徽商文化特色
徽商作为一个整体文化意蕴较高的群体，具备优良的自然条件位于城市中心区域，地域优越意优越。

5 祁红文化特色
祁门红茶是红茶中的极品，享有盛誉，香名远播，美称"群芳最"，相关知名度有："一器品红茶"，悦来等消遣茶事。

寻梦祁红 红闹祁门？

历史脉络分析

历史沿革 Historical Development

B.C 1600					A.D 2015

基地现状调研

基地特征分析 Characteristics

基地内主要以居住为主，功能较单一，活力不足，建筑密度过大，建筑高度以低层为主，开发强度较低，房屋质量较差，可保留建筑较少。主要道路明晰，内部道路混乱、无秩序，但主要街道肌理都较成熟。

人口与产业 Population and industry

经济产业分析

问题与对策 Problem and countermeasure

发展需求分析

基地现状分析 Current situation

现状肌理 / 用地性质 / 建筑年代 / 建筑质量 / 现状交通 / 建筑高度

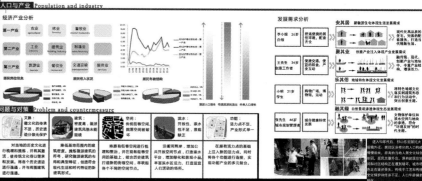

SWOT分析

优势分析 Strengths
1. 区位优势：基地地处邻江，有滨水风貌带来的得天独厚的自然条件，位于城市中心区域，地域优越。
2. 资源优势：具有深厚的历史文化资源和传统商业氛围。
3. 发展潜力优势：地内大部多为破旧民居，开发潜力较大，可发展空间大。

劣势分析 Weaknesses
1. 现状杂乱：基地内部建筑的性质不同，交通混杂。
2. 传统业衰退：原有传统戏曲文化得不到延续，逐渐东风的对道域市的特色记忆。
3. 空间隔离：基地现与滨水空间相合，与自然渗透性差，缺乏公共空间。

机遇分析 Opportunitise
1. 机遇Ⅰ：作为城市的中心，城市形象是塑造基地活力的机遇。
2. 机遇Ⅱ：人流越来越注重地域上的享受，更加会迎合那些基地特色体验文化的产业部分。
3. 机遇Ⅲ：祁门作为黄山市旅游新中心。

挑战分析 Threats
1. 挑战Ⅰ：基地中大量旧居迁移住房问题与城市中心改造成为一大矛盾。
2. 挑战Ⅱ：如何将祁红的发展以及地区文化特色显本方面设计的可行性。
3. 挑战Ⅲ：城市的活力在于如何协调地块空间形态与凯旋特征开建立充实旅游的公共活动中心。

寻梦祁红 红闹祁门 祁红的来世今生

陈武烈　李曼

城市设计竞赛作品

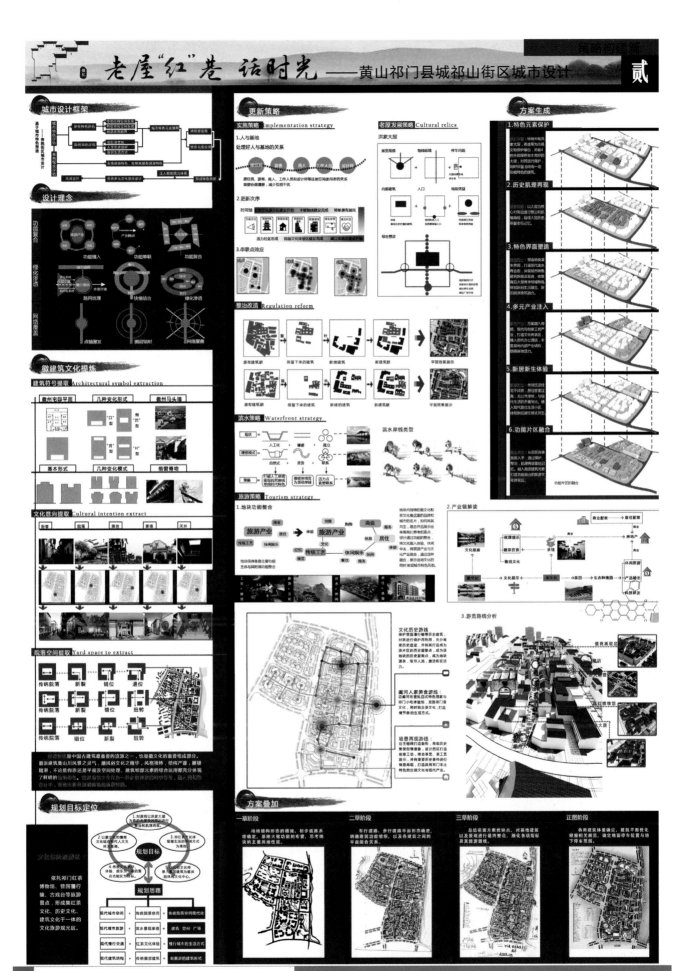

老屋"红"巷 话时光——黄山祁门县城祁山街区城市设计

策略构建篇

贰

陈武烈 李曼

城市设计竞赛作品

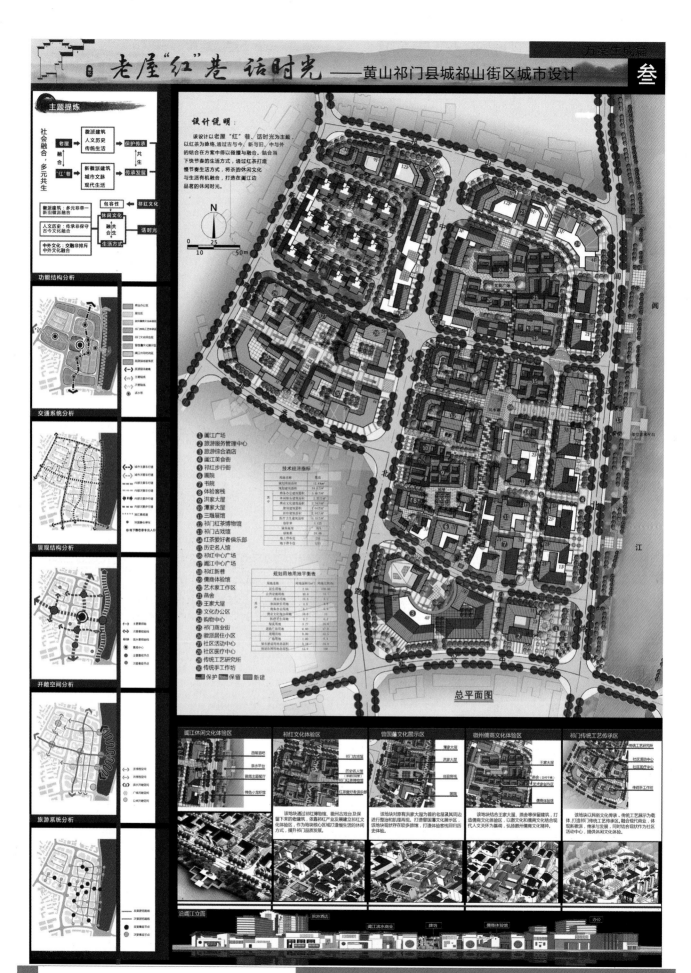

老屋"红"巷 话时光——黄山祁门县城祁山街区城市设计

叁

陈武烈 李曼

城市设计竞赛作品

老屋"红"巷 话时光 —— 黄山祁门县城祁山街区城市设计

鸟瞰效果图

身临祁境 秀出茗门

旅游策划

主轴空间序列 The spindle space

[儒商徽梦]

儒商墨客寻源游：
建立徽商文化展览馆、艺术家创作区及整治街巷民居；以徽商文化为主题，推出系列体验徽商生活，体验祁红茶制产品，打造多功能的"儒商寻梦"体验区等。

[目连摇篮]

目连戏艺术体验游：
建立以目连戏为主的祁门古戏楼；适时提设目连戏艺术博物馆；结合徽州文化艺术节等节庆活动，营造戏曲文化氛围；邀请戏曲界学家、学术院系考察、旅游。

[飘香祁红]

百年祁红体验游：
建立祁红博物馆，弘扬祁红文化，展示茶农采茶、体验茶，开发茶厂工业旅游；举办如"祁红文化节"等节庆活动等。

[承恩故事]

百年战场体验游：
承恩里是一组建筑，人称"洪家大屋"；以洪家大屋为例，打造徽派建筑文化体验区，同时展示徽州民居艺术，打造祁门名片。

身临"祁"境
秀出"茗"门

老屋"红"巷 话时光

["文""茗"祁门]

话时光—[古往今来]

古今融合：
开阔祁门世创新机，报望诸祁红天下涌。祁门因茶而起，因茶而兴，自古以来祁门伴随着祁红俱兴而变化。

话时光—[中外交融]

中外融合：
佳茗美称群芳最，普滩全球封茶王。祁红走出国门，远渡英伦，有400年历史，在中西文化交流中担当重要媒介。

话时光—[新旧融合]

新旧建筑融合：
白墙青瓦横演，木棚窗门食香。展示茶源风格，是徽派建筑发展的重要视窗。

大屋小巷，为茶而停

生活与休闲方式融合：
撮起假茶养性情，行棚里无坐看云。通过祁红的营险节奏生活方式，将茶的休闲文化与生活有机融合，打造在阊江边最新的休闲时光。

特色空间分析 Spatial analysis

街

巷

院

苑

设计导则 Design ordinance

地块性质

地块编号

街区控制指标一览表

引导导则   地块空间意向

设计引导导则

引导导则   地块空间意向

设计引导导则

引导导则   地块空间意向

设计引导导则

陈武烈　李曼

城市设计竞赛作品

城池闲梦·乡愁一脉 ——扬州南门外街城市设计

课题背景

本次设计地块位于江苏省扬州市南门遗址地段，基地东邻老城区，古运河从其东边流过，西侧与荷花池相望，是扬州老城门户空间，规划用地面积为17.96 hm²。

现状功能以居住为主，还有少量文化与商业设施用地；规划主要功能以商业、文化功能为主，兼少量的居住功能。对该地块的更新与改造，进行城市历史文化的传承与融合，从而达到提升城市文化品质的目标。

上位规划解读

城市性质：历史文化名城，为具有传统特色的风景、适宜人居的园林和长三角洲区域中心的城市。

启示：上位规划对于该地块的用地性质确定为商业应商用地，本地块紧靠老城区东南部，具有丰富的人文资源与景观资源，是城市南向发展的重要地段，具有区域优势与发展潜力。

保护规划：重点保护古运河两侧的历史文化古迹，加强对古运河两侧河道的整治和景观的塑造，以及对老城区传统历史街区的保护，保持古城的特色风貌。

城池格局：依水而生、因水而建。历代叠加的城池遗址空间是一部通史式的文化长廊。

本方案毗邻古城保护规划范围中的历史文化区，位于南城门南侧，东临古运河，西邻荷花池，基地周边与古部具有丰富的历史文化遗迹与资源。

城市特色分析

城池文化

水文化：扬州水运四通八达，因临河而兴，水运带动了贸易。

城市文化：扬州古代城池历史悠久，尤其以独特军事价值存在为特色。

民俗文化

戏曲文化：扬州的曲艺评弹、戏曲文化是扬州人民宝贵的精神财富。

历史名人：扬州八怪一直是扬州人们的骄傲。

休闲文化

饮食文化：扬州美食一直是扬州人们的热爱。蛋炒饭、汤包等广受到喜爱。

休闲体验文化：美容（天下喻洗三分），品茶之上品（三分在扬州）参加赏风俗游赏。

建筑特色

民居建筑：扬州民居建筑较为丰富多样。

园林建筑：依水古园林，交融为上园林（瘦西湖）两个园落，称扬州一绝。

旅游文化

区位主体环境分析

基地位于国家历史文化名城——江苏省扬州市，扬州市位于长江与大运河交汇处，与长三角洲经济圈的中心城市上海、南京临近，是扬州最悠久的地块之一，具有大量的历史与人文景观要素。

城市文化特质：国际旅游文化名城、国家历史文化保护名城、湖上园林发源地、古运河遗址城所在。

基地周边空间关系
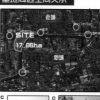

1）历史文化见证与传承空间；
2）古运河—水城门—荷花池—蜀山风景历史风景区水上旅游路径；
3）旅游文化提升与发展空间。

基地主体特质分析
 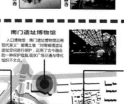

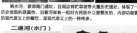 

响水客栈（古民居）

外街南侧古民居：入口处对部分古民居进行立面改造和功能置换（响水社区）。但在核心区的居民区建筑密度大，缺乏公共开敞空间，功能单一，历史真实性差。

南门遗址博物馆

圆园美食（历史建筑）

古民居（东）

响水河

二道河（水门）

南门外街

特质总结：
历史文化承载空间
保护与传承
传统与现代
生态与人文
开发与旅游

基地分析图

基地现状分析

拆改留分析

根据对建筑质量、风貌、历史价值的判断和规划目标对地块内部进行了拆、改、留分析。

现状分析图

改造
保护
保留
拆除

问题与对策

SWTO分析

优势分析
1.区位条件：位于老城区南门重要门户空间，南门外街重要的历史遗存和文化要素。
2.交通条件：交通便利，可达性。
3.资源条件：北侧具有南门遗址博物馆，东侧依托大运河景观风貌，西侧与荷花池隔路相望，自然资源丰富。

劣势分析
1.品牌效应：文化与景观资源丰富，但知名度不大知晓，需要提高品牌知名度。
2.交通问题：基地内部交通的可达性较差。
3.基地内部公共空间基础设施缺乏。
4.传统特色缺失：原有的历史遗存记忆正在丢失，急需恢复与打造南门外街活力带。

机遇分析
1.作为古今时空交汇的空间，是新城与老城之间重要的纽带，重要的门户空间。
2.把握基地多种功能文化要素原真性的复原可以传承与创新是本次改造的关键。
3.该地段的活力在于如何协调地块的空间形态与肌理特征并建立公共活动空间。

挑战分析
1.基地内部的原居民的拆迁安置与城市中心改造的矛盾。
2.基地如何以独特的优势旅游资源，形成集聚效应。
3.人们越来越关注精神上的享受，热衷于游览、体验历史遗存和自然风光。

核设计中心议题
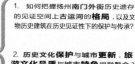 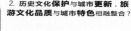 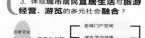

1. 如何把握扬州南门外街历史遗存的见证空间与古运河的格局，以及文物历史建筑在历史见证下的保护与传承？

2. 历史文化保护与城市更新，旅游文化品质与城市特色相融整合？

3. 体现城市居民宜居生活与旅游经营、游览的多元社会融合？

保留核心内容 + 修复传统内容 + 渗透现代元素 + 滨水空间整治 = 生态南门 + 活力南门 + 文化南门

历史文化 传承与创新 老城门户空间 → 社会融合，多元共生
滨水活动岸线
历史文化传承平台
水陆旅游路径

案例分析
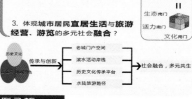

1. 秦淮河
启示：
滨水地区的使用功能转向生态、社会、经济功能等多元复合的形式；
滨水的天际线连续，具有丰富的轮廓线；
营造舒适、安全、怡人的亲水开敞空间。

2. 东关街历史文化街
启示：
（1）保护"河—城—街"的街区与运河的空间关系和景观布局；
（2）保留与恢复原有的街巷格局的历史名称，展示其历史的文化价值。对原有的历史要素进行梳理与整治，形成旅游文化体验产业链。

壹

孙锦旭　江新

城市设计竞赛作品

城池闲梦·乡愁一脉 —— 扬州南门外街城市设计

专题研究

1. 城池演变——南城门遗址空间

春秋　汉·唐·清　唐

城水相依

明清

南城门遗址空间

扬州老城经1300年的城池演变发展，被称之为"中国古代城门通史"。

南门遗址空间保持较好，历代城池层层叠加，是扬州发展的重要的历史见证空间。

遗址博物馆

博物馆室内

2. 南门外街历史文脉——历史记忆的承载空间

荷花池

历史地名、路径、人名

今天的南门外街留下来了许多历史路径和街巷空间，其中较有名的是南门外街和馆驿的后街，基地处于老城与新城过渡区，设计中应尽量恢复原有的历史路径。

3. 运河文脉——流动史书

扬州城市因水而生，历史上几度繁荣，以城市功能带动军事、漕运发展到现今的旅游观光。留下了丰富的运河人文自然遗址，是扬州重要的文化承载空间，附空城郭续的空间。

军事备战

漕运

凤凰祠站开运基　隋一清 运河拓建，取直　现今，航运改道

4. 历史建筑语汇——城市的语言

民居建筑

仿青砖、人字形山墙　灰色墙面、街巷尺度

多进式住宅 园林式庭院　厚重的马头墙　传统的民居

园林建筑

屋脊装饰　亭廊柱

青砖铺地 瓦屋面顶　三折建筑山墙

商业建筑

柱式装饰　红色园林装饰

园林墙体装饰

屋脊装饰构件

园林柱体

设计定位

设计目标

目标定位：对基地内历史文化遗存建筑、街巷空间、人文场站所进行有效的保护、整治、更新，将地块打造成为扬州知名的旅游文化、生态宜居的场所空间。

功能定位：规划整合基地历史人文资源，注入新的活力元素，打造文化体验、历史遗产、文化社区、传统美食、艺术街区为一体的旅游文化、综合休闲目的地。

设计研究框架

背景研究 → 区位背景 / 上位规划 / 城市特色

现状分析 → 基地区位 / 基地现状 / 问题总结

地块定位 → 区位定位 / 目标定位 / 功能定位

专题研究 → 城池演变 / 运河文脉 / 历史沿革 / 建筑语汇

元素嵌入 → 历史传承 / 空间形态 / 城市功能

空间落实 → 概念构筑 / 方案演绎

主题解析

城池闲梦　城池 / 运河

（1）"闲"：过去的历史与其功能主要要满足居住生活的需求。现在的南门外街经过整修、改造后，其功能向休闲旅游文化目标功能转变。

乡愁一脉　城池 / 运河

乡愁一脉：将过去历史的记忆、文脉与现代文化相互融合与发展。在南门外街这条线性的街道空间上展现一个南门外街、人文、富有活力的南门外旅游之地。

（2）"脉"：古今文化传承的文脉，古今一脉。

具有地域特色　各种要素资源汇集

设计理念

方案构筑

1. 融合共生——水融、街融、人融

（1）水绿交融
① 环境融合，历史街区活动融入运河。
② 文化融合，南门的驿站文化、民俗文化、市民文化等与运河文化相融合。
—— 水"融"

（2）街的古今交融
① 提升与改造南门外街原有线形空间的进化。
② 在南门外街体现见证性、传承性、创新性，古今对话性。
③ 融于原居民的生活与生产。
—— 街"融"

（3）旅游与宜居交融
① 旅游观光等基地社会活动。
② 原居民传统的生活、生产方式记忆再现与现代旅游文化的交融。
—— 人"融"

2. 保护与传承

古今传承与创新角度下对场地内文脉的保护与利用，城市旅游休闲场所营造。在城池、古运河历史格局下，见证、传承、创新。

见证性 / 传承性 / 创新性

3. 地块活力提升

活力因子分析 → 活力因子植入 → 活力因子组

4. 城市设计构思

以城为景 / 以水为脉 / 以街为轴

空间策略

保留

保护建筑：历史建筑（酱菜园、明月楼等）旧如旧，修旧体现原真性。

丰祥酱园(修复后)　水城门（保留建筑）

改造

局部改造：梳理现状杂乱的古民居院落。

立面改造：扬州民居景象及园林建筑的元素符号等。

原著居民拆建：拆除危房保留部分肌理，拆建新建有地域特色保留。

复原：广陵驿站遗址，借用扬州园林的造园手法，与现代结合。

新建：创意工坊，传统与现代结合。

双阳美食广场(修复后)　二进园水街

临摹意性(翼原)　创意工坊

产业分析

重要资源 + 宏观分析 + 内向整合 = 目标定位

创意村 / 产业 / 文化 / 环境 / 特色

旅游路线策划

南门地块 / 南门外大街 / 南门遗址博物馆

社区商务 / 民俗文化体验 / 艺术街区 / 时尚商业街 / 馆驿客栈 / 民居文化

草草堂(画) / 古民居 / 水城门 / 现代商务会所 / 创意工坊

旅游路线策划：至扬州—游古运河—登水城门—蓝宿馆驿客栈—参观遗址博物馆—古民居（草草堂）—游南门外大街—体验民俗风情(听戏曲)—馆园美食（体验）—感受艺术画廊—时尚风情街—休闲滨水景观会馆

运河滨水界面

空间推导

历史建筑保留
重要历史建筑遗存、文化进行保护与梳理

历史建筑空间组织
历史路径与街巷格局、遗址空间建筑组织

历史路径街巷复原
恢复历史路径与街巷格局、遗址空间

旧城更新改造
南门的历史线性空间，考虑见证与传承性

滨水空间塑造
根据扬州民居建筑风貌、空间肌理，对基地内部现状建筑进行更新改造

贰

孙锦旭　江新　城市设计竞赛作品

城池闲梦·乡愁一脉 ——扬州南门外街城市设计

方案特点

方案以南门外街的线性空间为基础，把握历史信息原真性、见证性。突出城池南门外街历史文化保护与传承，将生活与宜居、旅游文化统一在历史格局见证性下。实现历史文化保护传承、生活与宜居、旅游文化高品质、居民历史建筑与私家园林建筑的更新发展的多元融合。

（1）扬州南门外街的历史遗存的见证空间与古运河格局、文物建筑的历史见证的保护与传承。

（2）历史文化保护与城市更新，旅游文化与城市特色相融合。

（3）将现代城市居民宜居与旅游文化经营、游览的多元社会融合。

节点透视图

广陵客栈节点图

二道河水街观光购物街节点图

创意工坊节点图

分析图

功能结构分析

景观系统分析

交通系统分析

南门外街见证与传承立面

总平面图

规划总平面图

经济技术指标表

方案设计过程图

孙锦旭　江新

城市设计竞赛作品

城池闲梦·乡愁一脉 ——扬州南门外街城市设计

鸟瞰图

忆南门

千古运河
度千年，
移景城图
革木新。
扬城梦回
多少事，
广陵千古
多佳话。
南门外街
忆臻梦，
此生当为
扬州人。

1. 南门外大街设计导则 (街融)

本次城市设计的主题是"社会融合，多元共生"，对扬州各种文化及基地内部历史遗存与遗址空间进行分析，然后通过南门外街线性空间的见证、传承和创新去诠释该主题。

（1）思想方法：历史的见证性与原真性空间

传统 (鸟瞰图)

手法：对南外街（上域）少量质量较好的民居进行保持和有关的古民居院落对其减治行的古民居院落修复保留少量的店铺或建筑，对水面边的固迁展赋旧物（多层化更）安置

主导功能：对文创商业、商业主导，主街休闲的餐饮、小吃为主。

建筑立面：扬州的滨水区的元素符号（装饰、山墙、壁饰、坡屋顶）等。

街巷尺度：建筑适宜，开阔较小，主要以1~2层为主，视街道宽约4~6 m。

南门入口(遗址博物馆)

（2）思想方法：延续与传承空间

传承 (鸟瞰图)

手法：对南外街（中域）民居进行大规模的拆迁安置。

主导功能：新建地块以创意艺术与创意工坊为主题。

建筑立面：扬州园林建筑符号与民居建筑符号。

街巷尺度：建筑尺度较大，以2~3层为主，街道宽度为7~8 m。

（3）思想方法：传承与创新

创新 (鸟瞰图)

手法：对南门外街未来的将改造进行较大的改变，进行改造置换，以轻盈的滨水建筑来恢复南街的肌理。

主导功能：主要以时尚风情酒吧街与现代社会开发及规划及文化大片领项幕墙建筑街游前网线。

街巷尺度：建筑大度，主要以3~4层为主，街的宽度为8~10 m街道可以通车。

南门外街平面

南门外街主入口广场，设计了一个形式、材质与遗址博物馆同的"土地"，底部灰空间可以穿越，体现了一种传承与保护的思想。

酱园广场入口

透视图 (由古望今)

透视图 (由今至古)

社区、旅游中心

风情酒吧街

会所滨水界面

2. 民俗文化中心节点 (人融)

本设计片区为民俗文化片区，地块通过原示、商业、表演及体验来展示一个具有浓重地域特色和历史文化氛围的南门外大街，在这里使你能体验多种人群、多种功能空间、多种业态的交流和融合。

G 民俗文化广场

H 摆马渡滨水广场

民俗文化广场剖面图

F 民

A

B

民 E

C

D

明月似茶楼是对遗址空间的复原，将茶饮只是提供休闲文化的精髓所在，感受一丝"无酬二分是扬州"的感慨。

DIY作坊主要让游人从工艺到展示成传成产的各种手工艺品的了解，注重不同人群、不同文化交流。

酱园美食广场是对原酱园建筑进行修复，进行功能上的置换，汇集扬州的各种美食为主，在这里可以体验扬州人慢生活的气息和舌尖上的扬州。

扬州画舫研究中心：关于古运河与扬州发展的深渊历史和关于《南船北马》的学术交流中心。

戏曲中心：扬州的的戏曲文化源远流长，在这里通过展示让人们了解扬州的戏曲文化。

摆马渡遗址空间：将其表现，同时制建设民俗文化的重现，展现扬州民俗文化的重现的气息也展现了古南门的古运河文化生活的气息与古运河两岸的展现。

3. 滨水空间节点分析 (水融)

水是扬州发展的起源和发展的命脉，基于对地块现状原有的水系和古运河，设计通过对现状水岸的梳理，将水引入不同的地块，与街道、建筑、开放空间相融合，为南门外街注入活力。

亲水方式

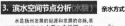

架空步道

水上平台

亲水步道

水岸拓展

【价值提升】将滨水空间引入基地内部，提升基地的价值。

滨水价值
原生价值

水与街巷的关系

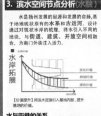

两街夹一河

一河

内街与闭平行

码头

桥

水门

运河滨水岸线控制——设计意象

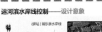
（驿站）娱乐滨水界线

（摆马渡）文化魅力

（创意工坊）景观休闲绿坡

（会所、会馆）自然生态岸线

(老南门) 生活方式再现

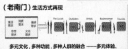

多元文化，多种功能，多种人群的融合——多元体验

肆

孙锦旭　江新

城市设计竞赛作品

141

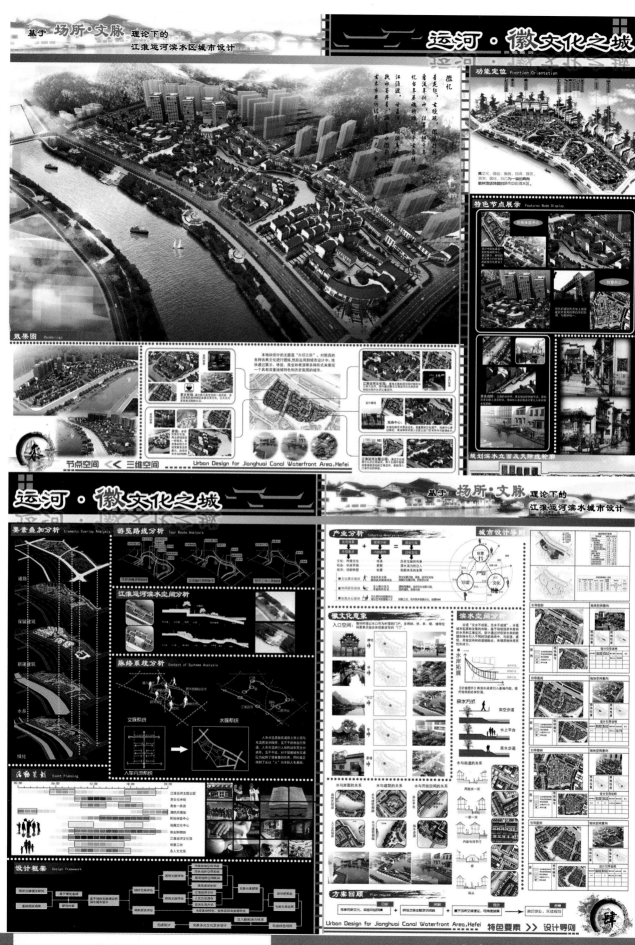

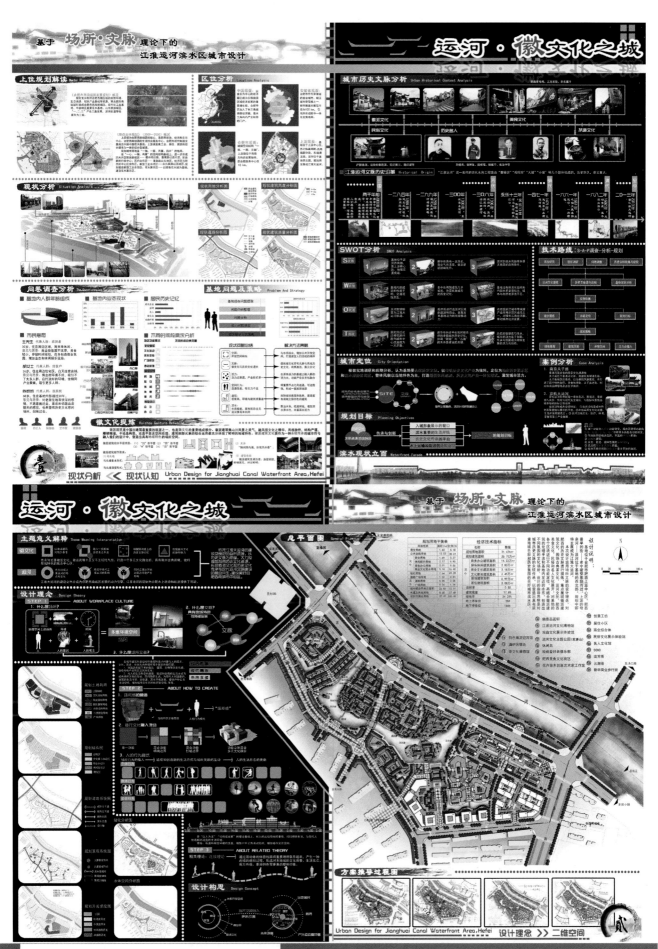

The Urban Design Of Anhui Theatre

刘娟　王秋媛

城市设计竞赛作品

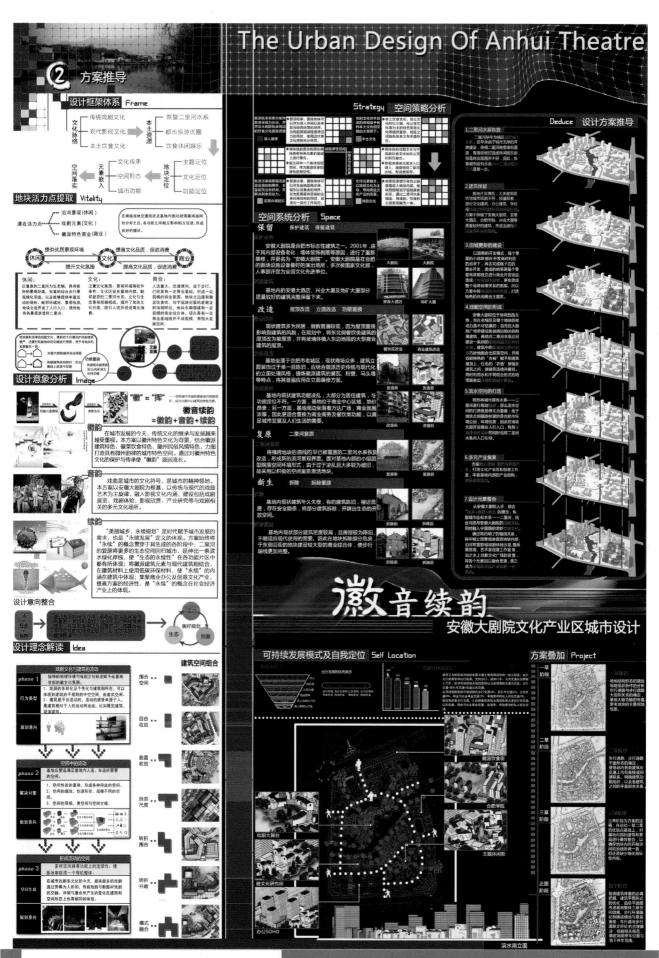

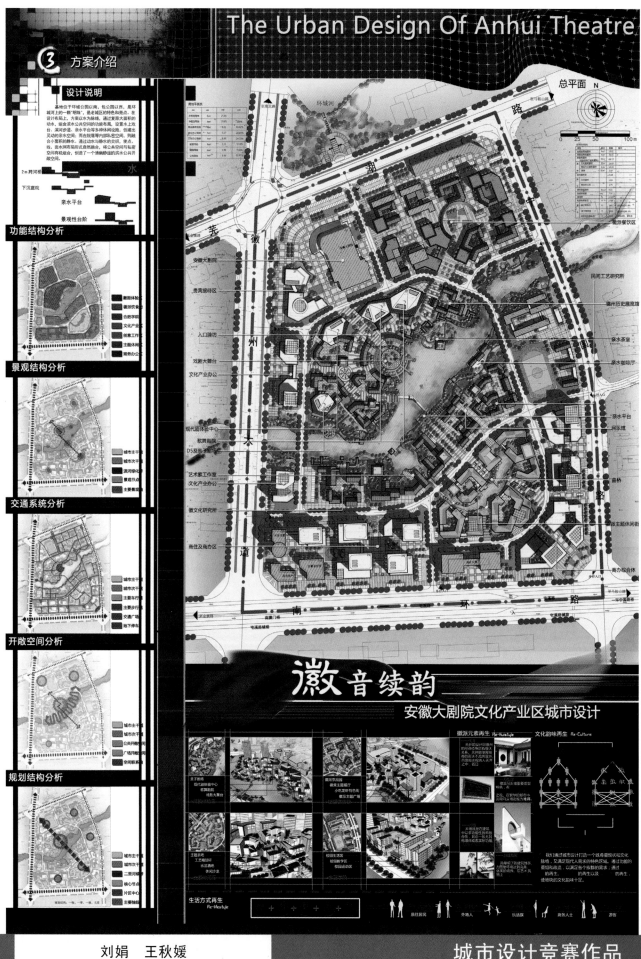

③ 方案介绍

设计说明

功能结构分析

景观结构分析

交通系统分析

开敞空间分析

规划结构分析

徽 音 续 韵

安徽大剧院文化产业区城市设计

刘娟　王秋媛

城市设计竞赛作品

④ 方案表现

鸟瞰

徽音悠扬 ● 缤韵新生

诗性人生写意　却小城寻常巷陌　漫品龙眠居士　遥想城水光徽韵　千古江山龙行　园囿赤壁公禅少　却虑来三闾闲郡故池　龙狮千帆过　徽风林立汉船悠悠

设计导则　Design Guidelines

微音续韵
安徽大剧院文化产业区城市设计

滨水步行景观轴的联系与贯通

微音续韵的联系
1.通过□□□□将二层河绳线及主要步行轴线串联起来，同时在观剧大广场之完善结合起来，在地块中串联各个组团并与环城公园形成良好的渗透，起到□□□□□□的过渡作用。
2.水乐北岸为戏剧体验中心，由于其大体量及位置的重要性，使其成为此地块关注的焦点；
建筑顶部以□□□□□各个建筑，以□□子式联结□□，
□式□□□□□□□；
3.规划中把传统徽派建筑的各个元素通过□□□□□□□□□，植入到原有建筑当中去；
建筑中的□□□□□□□□，以此体现传统徽派建筑的特色和韵味，同时利用水和不同组合形式的塔馆图合出开敞的戏剧大舞台。

可持续生态策略引入　Sustainable

节点意向分析　Node Intention

滨水空间节点分析

主题休闲区节点分析

微派餐饮区节点分析

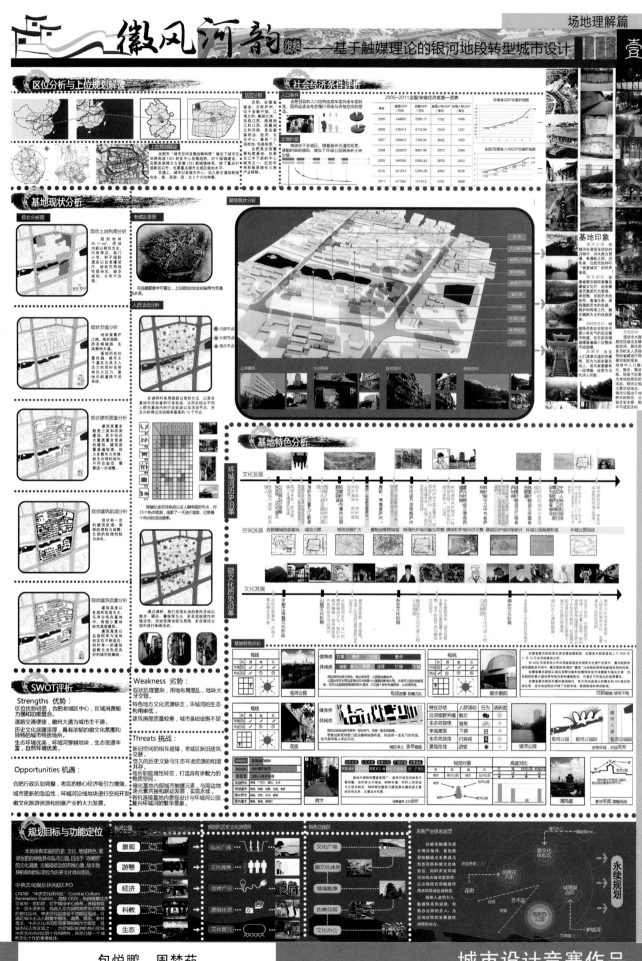

徽风河韵（复赛）——基于触媒理论的银河地段转型城市设计

壹

区位分析与上位规划解读

区位分析

合肥，古称庐州，位于安徽中部，地处长江淮河之间，江东江西，西襟淮北河南部，是安徽省政治、经济、文化中心。是省会城市。也是重点建设的合肥经济圈的核心城市。

上位规划解读

合肥市"城市空间发展战略规划"确定了城市空间将形成以1331的中心城发展格局。对于城镇建设合肥未来将大力发展1331新城镇体系。

社会经济条件分析

人口结构

合肥目前的人口结构由成年老年型转变，因而应该考虑施行系统与开发空间的梦想。

土地价值

地块位于老城区，随着州大道的竣工，道路的拓宽的增加。增加了环城公园地块的土地价值。

2005-2011全国/安徽经济发展一览表

年份	全国GDP /万元	安徽GDP /万元	全国人均GDP /美元	安徽人均GDP
2005	184937	5350.17	1732	1045
2006	216314	6112.50	2010	1257
2007	265810	7360.92	2052	1583
2008	300670	8851.66	3313	2080
2009	340506	10062.62	3679	2402
2010	401513	12263.36	4382	3048
2011	471584	15110.3	5432	3989

安徽省GDP发展折线图

全国/安徽人均GDP发展对照图

基地现状分析

现状分析图

现状土地利用分析

现状地块30.11hm²，用地功能以居住为主，内有车站、�门小学、厦门国际酒店以及老建设厅、地块内用地功能布局合理、缺乏规划，分布不合理。

老城区原景

在选尽愿景中可看出，上位规划对此的指导与贯通。

人群活动分析

在调研时采用跟踪记录的方法，记录在基地内活动者的行走轨迹，从而总结出不同人群在基地内的行走路径以及活动节点，并且分析得出活动频率最高的15个节点。

现状交通分析

地块背临庐江路，西临铜城路、东临长江东路。基地所处位置优越，是城市主入口活力的同时也带来了交通大压力。基地内部道路系统。

现状建筑质量分析

建筑类型多数是三类和四类建筑，其中存在着大量老旧的建筑，建筑质量普遍较差，损坏大多数较为久失修，缺乏合理的规划，不符合规范，需要进一步改造。

通过调研我们发现此地的居民活动以散步、聊天，基地周边居民多在多旁道路边行走以散步，多至银河公园内进行休闲活动。

现状建筑肌理分析

现状有一定的建筑肌理，其建筑肌理无一郑肌理较为杂乱。北部的肌理则较为杂乱。

根据热点交往轨迹及人群需集的节点，对15个热点摸测，选取了一天进行记录，记录每个热点的活动的频率。

现状建筑质量分析

建筑高度以多层和低层为主，无斤停的建筑，有标志性高层建筑，及屋顶形式多样，建筑高度的确定也不相适应，同时那一片道建筑没有很好的被城市肌理所接纳。

SWOT评析

Strengths 优势：

区位优势明显，合肥老城区中心，区域消费能力强和功能复合。

道路交通便捷，徽州大道为城市主干道。

历史文化底蕴深厚，具有浓郁的徽文化氛围和独特的城市特色场所。

生态环境优美，环城河穿越地块，生态资源丰富，自然环境优美。

Opportunities 机遇：

合肥行政区划调整，老区的核心经济吸引力增强。

城市更新的急迫性，环城河沿线地块提供了空间发展。

徽文化旅游资源和创意产业的大力发展。

Weakness 劣势：

现状肌理复杂，用地布局混乱，地块犬牙交错。

特色地方文化资源缺乏，环城河的生态利用率低。

建筑房屋质量较差，城市基础设施不足。

Threats 挑战：

新旧空间的相互碰撞，老城区新旧建筑交错。

悠久的历史文脉与生态环境资源的和谐共存。

催化基地内部环境触媒元素，与周边地块元素表行和联动发展，交通枢纽。

有机连接基地内景观设计与环城河公园，营关环城河的繁华景象。

基地特色分析

环城河历史沿革

文化发展

空间发展

徽文化历史沿革

文化发展

基地特色评价

规划目标与功能定位

本地块有丰富的历史，地域特色，紧邻合肥的特色景点众多公园，且由于"贡献桥"的文化底蕴。古城墙棕景的城市棕心地点。故本地块的规划目标应定位为徽文化体验旅游区。

中央文化娱乐休闲区

CRD即"中央文化娱乐区"（Central Culture Recreation District，简称 CRD），是指随着旅游发展到一定阶段，但集商务，并展现城市文化内涵等功能的创意性城市生活及消费场所的创任区域。中央文化区既是展现地域文化性的重要载体，也是城市个性表达的重要需求，中央文化娱乐区的核心特色，将成为一个城市文化创新率的重要核心集聚体。

景观 → 临水广场
游憩 → 文化商务
经济 → 创意产业
科教 → 徽城漫游
生态 → 度假休闲

规划历史文化游区

文化广场
微文化体验
创意花街
文化复兴
文化办公

特色功能区

未来产业体系展望

永续规划

包悦鹏　周梦茹

城市设计竞赛作品

徽风河韵——基于触媒理论的银河地段转型城市设计

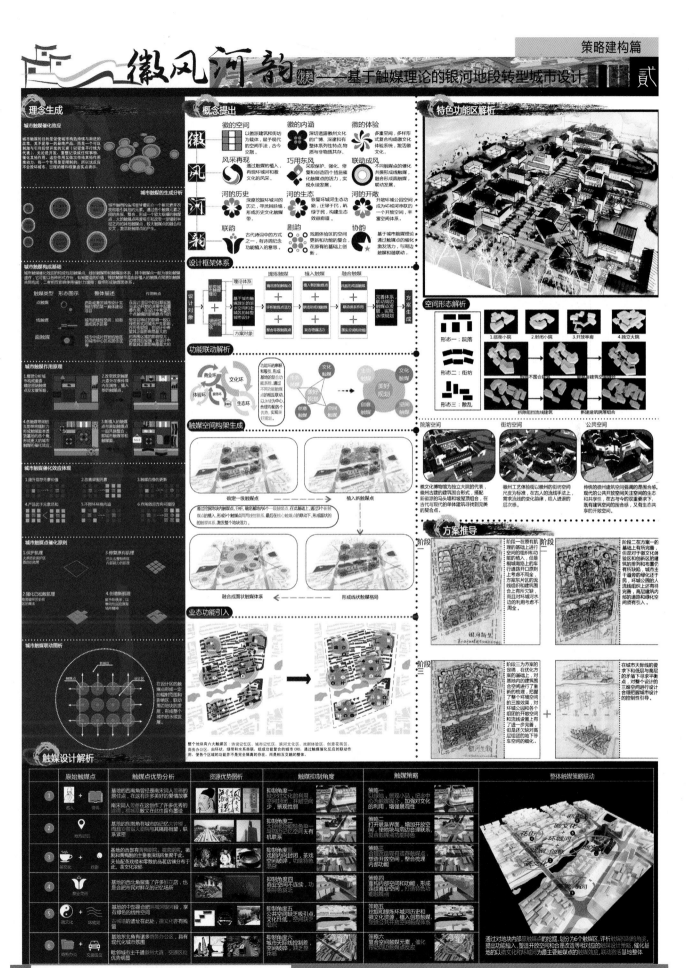

包悦鹏　周梦茹

城市设计竞赛作品

徽风河韵（复赛）——基于触媒理论的银河地段转型城市设计

叁

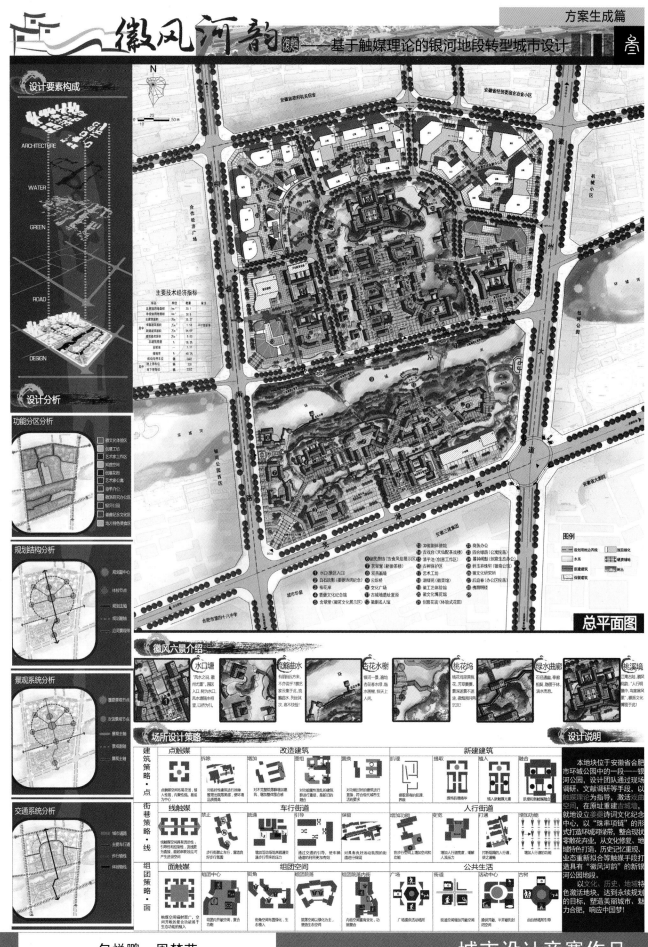

设计要素构成

ARCHITECTURE

WATER

GREEN

ROAD

DESIGN

设计分析

功能分区分析

规划结构分析

景观系统分析

交通系统分析

总平面图

徽风六景介绍

水口塘　荒瀚曲水　杏花水榭　桃花坞　绿水曲廊　桃溪境

场所设计策略

设计说明

包悦鹏　周梦茹

城市设计竞赛作品

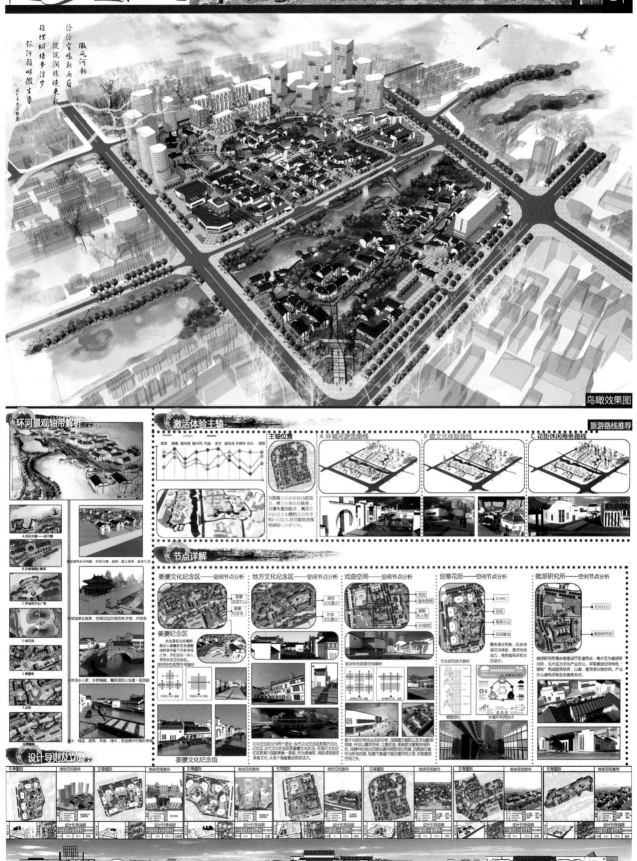

徽风河韵 ——基于触媒理论的银河地段转型城市设计

鸟瞰效果图

环河景观轴带解析

激活体验主轴

旅游路线推荐

节点详解

设计导则及立面

包悦鹏 周梦茹

城市设计竞赛作品

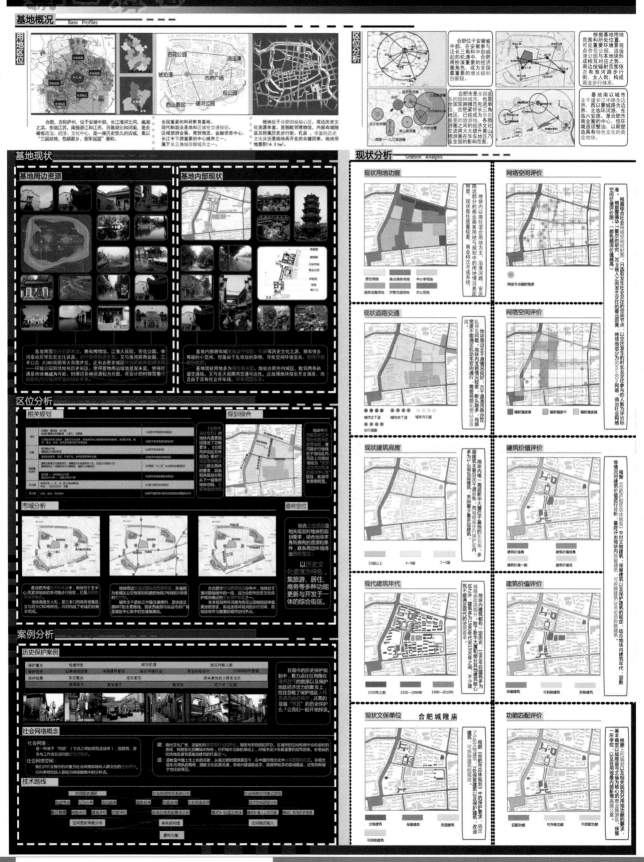

黄海燕　郑展鹏

城市设计竞赛作品

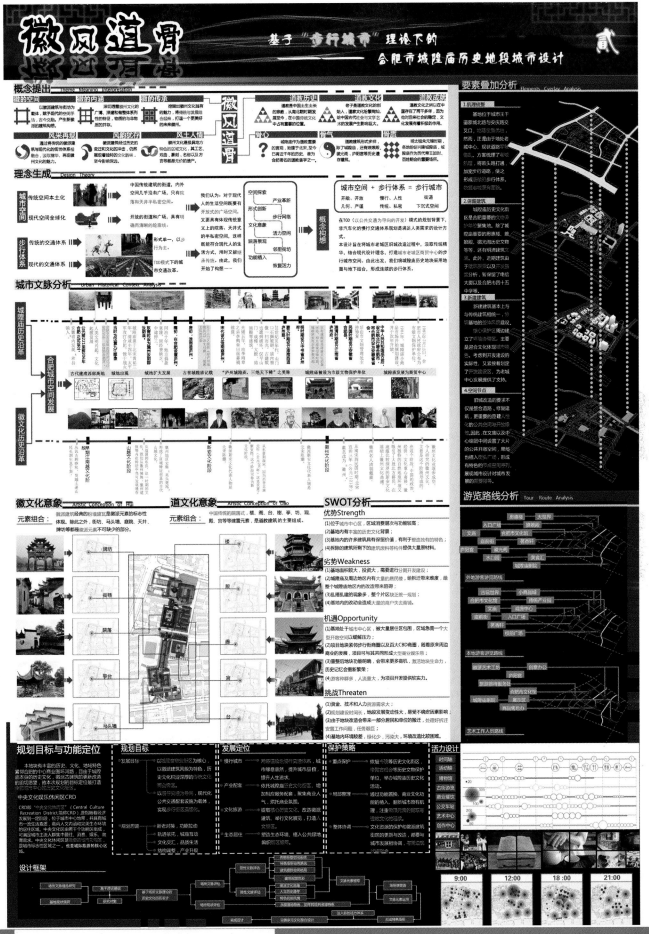

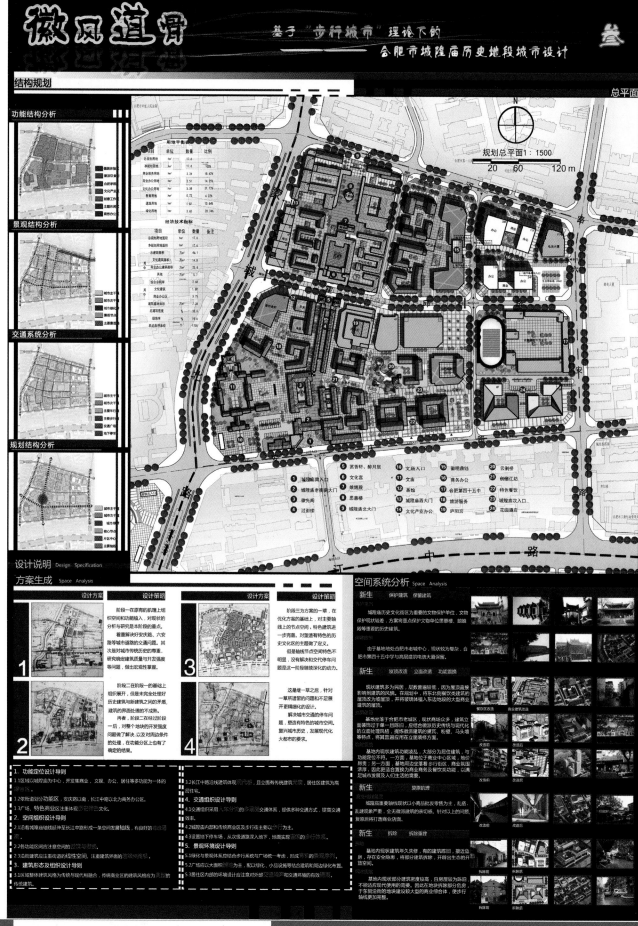

黄海燕 郑展鹏

城市设计竞赛作品

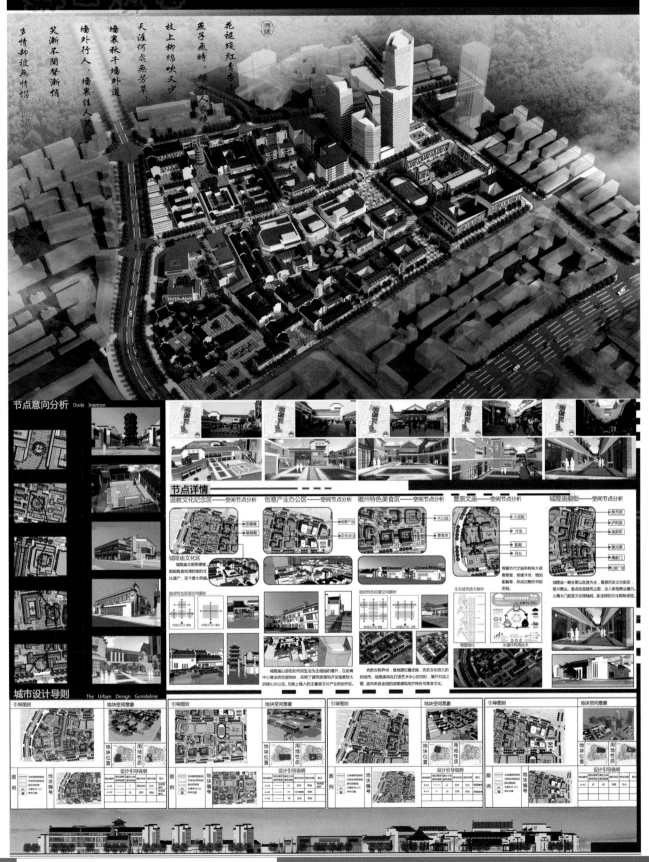

城市设计竞赛作品

黄海燕 郑展鹏

155

江苏省海门市海永镇美丽乡村规划

安徽建筑大学　指导老师：叶小群　杨新刚　肖铁桥　杨婷　小组成员：陈喆　窦碧莹　霍雅琦　潘兵　高锦军　蔡艺坤

>>区位分析

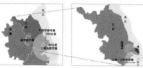

宏观区位：海永镇位于长江入海口，距离上海113公里。

中观区位：海永镇位于江苏省东南部，崇明岛北首。

中观区位：海永镇位于崇明岛，也是江苏省仅有的两个飞地镇之一。

>>历史沿革

"永隆沙"出　1950年　"种青"　1966年　围垦筑堤　1970年

—— 在海永的历史长河中我们看到海永由一片荒凉的沙地逐渐"生长"为现在丰饶宜居的家园。"围垦文化"也成为海永发展过程中不可遗忘的历史印记。

融入崇明　1975年

飞速发展　至今　建立海永　1993年

>>资源分析

农田资源
现状农业特色农产品为主，农作物以棉花、玉米、小麦为主。水果以甘蔗、西瓜为主。

水资源
海永镇位于长江北侧，河道纵横交织，水资源总量丰富。

生态资源
作为长江流域景观生态体系末端，海永岛屿生态体系的内部组成。

>>产业分析

第一产业
海永镇第一产业以种植业为主，常用耕地面积425公顷，农作物总播种面积750公顷。

第二产业
从2008~2011年间，第二产业增加值逐年提高。

第三产业
第三产业表现出巨大的潜力和增长势头，对推动全乡经济和社会发展起到了重要的作用。

>>上位规划解读

在海永镇所处的崇明片区被定为以生态农业为主的规模农业区和战略储备区。

把海永镇打造成为集休闲度假、农家休验、自然风光、餐饮疗养于一体的旅游用地。

崇明岛北部，生态旅游与都市休闲的结合部。

>>案例借鉴

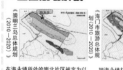

以花卉观光为主，延伸花卉产业链花期观镜。

免费的旅游观光带动购物消费。丰富的配套服务。

发展景区边缘型休闲农业与乡村旅游。

满足周边城市居民离去休闲度假和回归自然的需求。

两个重要因素决定了这个资源并不发达的小镇的成功：
首先是迅速确定和建立的自己的风格和定位，这种风格要贯穿在整个小镇中。
其次是一年四季源源不断的节庆活动和浓郁的艺术文化氛围。

>>现状系统分析

建设状况分析　水系分布分析　现存道路分析　现状电力分析　现状公共服务分析　现状电信分析

>>现状用地布局

现状用地主要问题
1用地结构单一，缺乏必要的公共服务设施。
2路网交通的网络性较乱，交通设施的配套缺乏。
3土地开敞空间利用不足，缺乏必要的公共空间。
4建筑风貌水平较低，缺乏标志性的空间节点。

>>现状分析

现状优势

水岸 Waterfront		海永镇位于长江入海口北侧，是长江河流景观生态系统末端的重要组成部分。
区位 Area		轮渡码头：距离上海2小时车程；距离崇明1小时车程。
农业 Agriculture		海永农业资源丰富，作物种植以棉花、玉米、大豆、小麦为主。
政府 Government		政策关怀：打造国际旅游形象，经济持续发展。

现状问题

问题一：不便捷的对外交通以及不完善的路网系统；多次换乘。

问题二：基础设施和公共服务不完善。

问题三：新型产业发展缓慢，旅游产业发展薄弱，特色不明显。

问题四：民俗文化保护意识薄弱，无人继承传统。

对策

轨道交通1、9号延伸至崇明，崇明岛拟建环岛交通。

规划中完善基础服务设施，改善人居环境。

在农业基础上着力发展旅游产业，带动周边产业。

结合村庄设置围垦文化展示，唤起人们保护传统文化的意识。

挑战
发展旅游产业，将海永建设成为风情特色小镇。
立足崇明，打入上海。提高知名度，提升经济效益。

机遇
应对江沿江开发和上海崇明岛开发的双重契机及与长三角建设带来新的发展机遇。
海永与崇明共构建"海永-崇明生态旅游循环带"。未来对外交通条件的改善，将为海永带来巨大的机遇。

>>产业发展分析

产业升级复合 / **待扫描产业** / **产业分析** / **结论**

现代农业产业：现代农业是基础，是海永赖以发展的根基。海永有着优越的自然条件和雄厚的农业基础，今后的发展可以扩大农业方面的优势。结论：扫描/可扫描

旅游产业：海永位于上海周边，环境优美，有着得天独厚的休闲旅游业潜质。近年来建设和谐优美的生态休闲旅游作为目标。结论：可扫描

文化创意产业：文化创意产业是特色。海永有着独特的围垦文化、农家文化；其毗邻的上海也富集了大量的高级创意人才。结论：可扫

养老产业：上海市老年人口基数大，有发展养老的基础；养老机构床位紧缺，有大量的养老需求。海永环境优雅，适合休闲养老。结论：可行

规划方法体系

充分考虑禀赋要素与产业要素的相互融合，形成海永未来的整体发展优势。

>>特色发展研究

海岛永生=岛+海永+生长

过去的，由一个小——永隆沙经过围垦而"壮大"。

未来的，由多个岛屿串联而成，像一个个细胞浸润在滋养的源泉里。在这里它们是海永的内涵底蕴，养是赋予海永的人文关怀，农业是海永的必需食粮，而旅游则是海永的独特魅力。

>>规划目标

发展目标：养老、旅游、生态、智慧

功能定位

领航功能	主导功能		
旅游功能	文化创意和休闲娱乐		
互补功能	基础功能		
养老养生度假居住	现代农业		

崇明旅游区的休闲旅游目的地。
华东一流、全国知名的养老养生目的地。
兼具文化创意和现代诉求的岛屿小镇。

陈喆　窦碧莹　霍雅琦　等

乡村规划竞赛作品

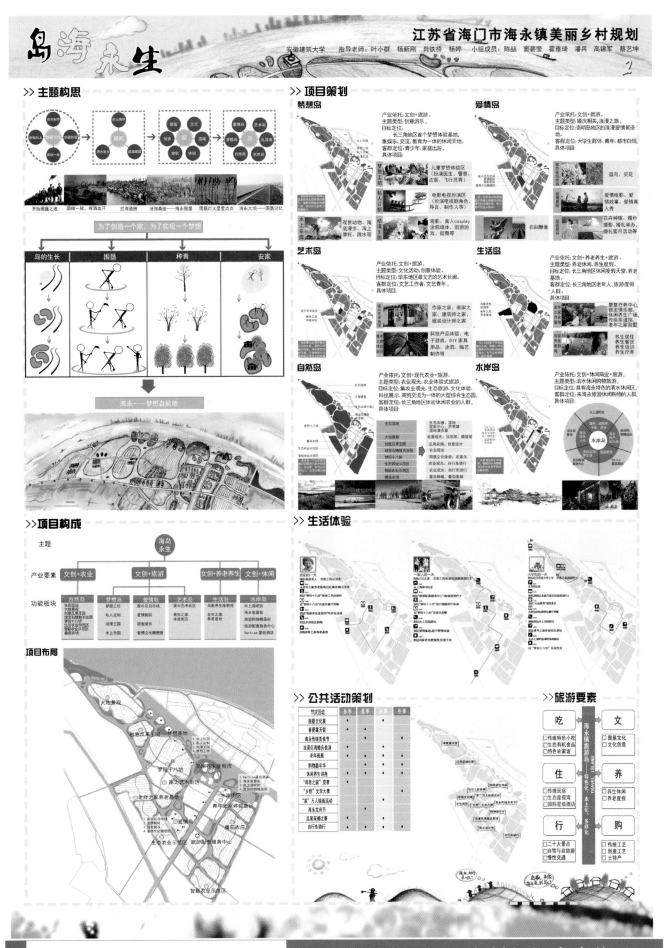

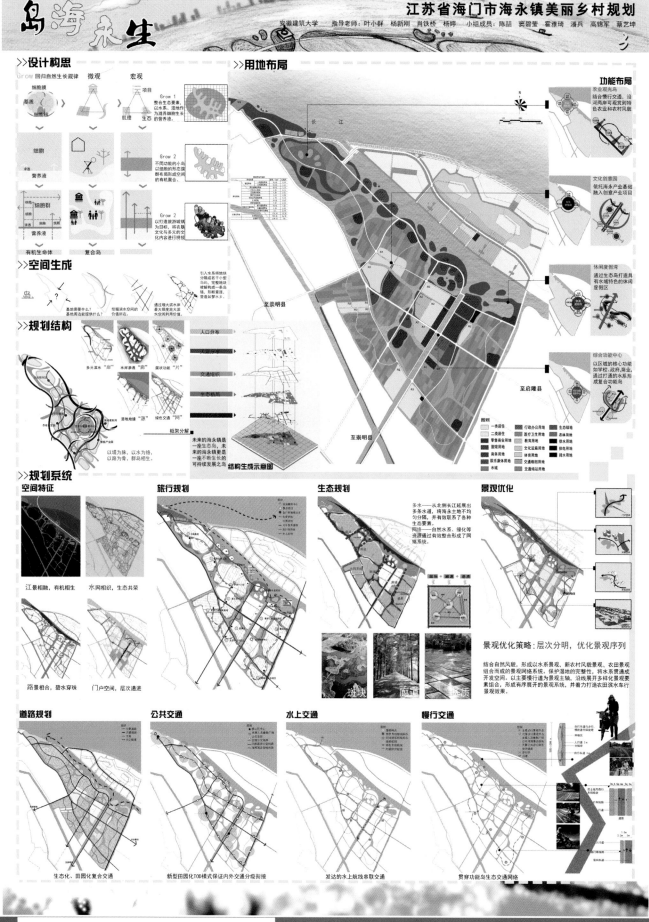

岛海永生

安徽建筑大学　指导老师：叶小群　杨新刚　肖铁桥　杨婷　小组成员：陈喆　窦碧莹　霍雅琦　潘兵　高锦军　蔡艺坤

江苏省海门市海永镇美丽乡村规划

>>设计构思

Grow 回归自然生长规律　微观　宏观

>>空间生成

>>规划结构

>>规划系统

>>用地布局

功能布局

农业观光岛
结合慢行交通，沿河两岸可观赏到特色农业和农村风貌

文化创意园
依托海永产业基础融入创意产业项目

休闲度假湾
通过生态岛打造具有水域特色的休闲度假区

综合功能中心
以区域的核心功能如学校、政府、商业，通过打通的水系形成复合功能岛

至崇明县
至启隆县
至崇明县
长江

空间特征

江景相融，有机相生　水网相织，生态共荣
路景相合，碧水穿珠　门户空间，层次递进

旅行规划

生态规划

多水——从北侧长江延展出多条杀水道，将海永土地不均匀分隔，并有效联系了各种生态要素。
网络——自然水系、绿化等资源通过有效整合形成了网络系统。

景观优化

景观优化策略：层次分明，优化景观序列

结合自然风貌，形成以水系景观、新农村风貌景观、农田景观组合而成的景观网络系统。保护湿地的完整性，将水系贯通成开发空间。以主要慢行道为景观主轴，沿线展开多样化景观要素组合，形成有序展开的景观系统，并着力打造农田滨水车行景观效果。

斑块　廊道　基质

道路规划

生态化、田园化复合交通

公共交通

新型田园化TOD模式保证内外交通分级衔接

水上交通

发达的水上航线串联交通

慢行交通

贯穿功能岛生态交通网络

陈喆　窦碧莹　霍雅琦　等

乡村规划竞赛作品

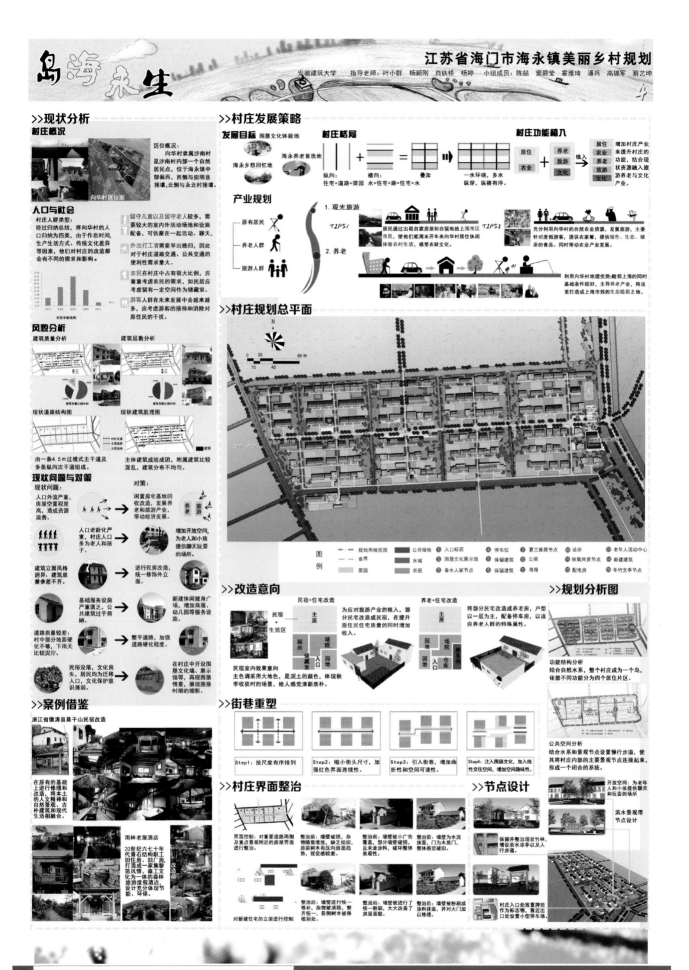

>>现状分析

村庄概况

区位概况：
向华村隶属沙南村是沙南村内部一个自然居民点，位于海永镇中部偏西，西侧与崇明县接壤，北侧与永北村接壤。

人口与社会

村庄人群类型：
经过归纳总结，将向华村的人口归纳为四类，由于作息时间、生产生活方式、传统文化差异等因素，他们对村庄的改造都会有不同的需求和影响。

留守儿童以及留守老人较多，需要较大的室内外活动场地和设施配备，可供养老一起活动、聊天。

外出打工者需要早出晚归，因此对村庄道路交通、公共交通的便利性需求量大。

农民在村庄中占有很大比例，应着重考虑农民的需求，对其居应考虑留有一定空间作为储藏室。

游客人群在未来发展中会越来越多，应考虑游客的接待和消除对原住民的干扰。

风貌分析

建筑质量分析　建筑层数分析

现状道路结构图　现状建筑肌理图

由一条4.5m过境式主干道及多条纵向次干道组成。

主体建筑成组成团，附属建筑比较混乱，建筑分布不均匀。

现状问题与对策

现状问题：
人口外流严重，房屋空置程度高，造成资源浪费。

人口老龄化严重，村庄人口多为老人和孩子。

建筑立面风格迥异，建筑质量参差不齐。

基础服务设施严重溃乏，公共建筑过于简陋。

道路质量较差：村中部分地面硬化不够，雨天比较泥泞。

民俗没落，文化丧失，居民均为迁移人口，文化保护意识薄弱。

对策：
闲置房宅基地回收改造，发展养老和旅游产业，带动经济发展。

增加开放空间，为老人和小孩提供嬉闹玩耍的场所。

进行民房改造，统一修饰外立面。

新建休闲健身广场，增加商场、幼儿园等服务设施。

整平道路，加强道路硬化程度。

在村庄中开设围垦文化场、展示馆等，再现围垦情景，展现围垦时期的缩影。

>>案例借鉴

浙江省德清县莫干山民宿改造

在原有的基础上进行修缮和改造，将本土的自然精神和自然景观、古朴建筑和现代生活相融合。

雨林木屋酒店
20世纪六七十年代青石结构职工活动用房、旧厂房，打造成一家集苗风情、森工文化为一体的森林旅游度假酒店，设计充分体现节能、环保。

>>村庄发展策略

发展目标 围垦文化体验地
海永乡愁回忆地　海永养老首选地

村庄格局
纵向：住宅+道路+菜园　横向：水+住宅+路+住宅+水　叠加　一水环境，多水纵穿，纵横有序。

村庄功能植入
居住　农业　养老　旅游　文化 植入 增加村庄产业来提升村庄的功能，结合现状资源融入旅游养老与文化产业。

产业规划
原有居民　养老人群　旅游人群
1.观光旅游
2.养老

居民通过出租自家房屋和自留地给上海市区市民，使他们能周末开车来向华村居住休闲体验农村生活，感受农耕文化。

充分利用向华村的自然农业资源，发展旅游业，主要针对度假游客，提供农家乐，提供绿色、生态、健康的食品。同时带动农业产业发展。

利用向华村地理优势：毗邻上海的同时基础条件较好，主导养老产业，将这里打造成上海市郊的生态隐居之地。

>>村庄规划总平面

N
0 20 40 80 m

图例
规划用地范围　省界　菜园　公共绿地　水域　农田　入口标识　围垦文化展示馆　保留建筑　春水人家节点　停车位　公园　保留建筑　秋菊共赏节点　夏兰雅居节点　诊所　商服　冬竹文亭节点　老年人活动中心　新建建筑

>>改造意向

民宿+住宅改造
民宿+生活区　主屋　厨房、储藏室　入口　场院　园地

为应对旅游产业的植入，部分民宅改造成民宿，在提升原住民住宅质量的同时增加收入。

养老+住宅改造
主屋　园地　场院　储藏室　仓库

将部分民宅改造成养老房，户型以一层为主，配备停车位，以适应养老人群的特殊属性。

民宿室内效果意向
主色调采用大地色，是泥土的颜色，体现秋季收获时的场景，给人感觉清新质朴。

>>街巷重塑

Step1：按尺度有序排列　Step2：缩小街头尺寸，加强红色界面连续性。　Step3：引入街巷，增加曲折性和空间可读性。　Step4：注入围垦文化，加入线性交往空间，增加空间趣味性。

>>村庄界面整治

界面控制：对重要道路两侧及重点景观附近的房屋界面进行整治。

整治前：墙壁破损，杂物随意堆放，房前树木有压向房屋趋势，视觉感较差。

整治后：墙壁被小广告覆盖，墙壁破损，门为木质门，整体感觉破损。

整治后：墙壁为水泥抹面，未涂涂料，砖砌整体美观性。

对新建住宅的立面进行控制

整治后：墙壁进行统一修补，杂物被清除，整齐开朗，易倒树木被修剪到一定处。

整治后：墙壁被统一粉刷为标志物，大大改善了房屋面貌。

整治后：墙壁被粉刷了涂料抹面，并对大门加以修缮。

>>规划分析图

功能结构分析
结合自然水系，整个村庄成为一个岛，依据不同功能分为四个居住片区。

公共空间分析
结合水系和景观节点设置慢行步道，使其将村庄的主要景观节点连接起来，形成一个闭合的系统。

开放空间：为老年和小孩嬉戏聊天和玩耍的场所。

滨水景观带节点设计

>>节点设计

保留并整治现状竹林，增设亲水凉亭以及人行步道。

村庄入口处放置牌坊作为标志物，露出进出口处设置小型停车场。

水綉花香·愛浸海永

江苏省海门市海永镇美丽乡村规划

学校：安徽建筑大学　指导老师：叶小群　杨新刚　杨婷　肖铁桥　小组成员：刘润晨　朱青松　陈武烈　李正一　何峰　桂东　张静萍　吴辉

序·引绪问水

区位分析

宏观区位
海永镇位于中国东部，长江入海口。

中观区位
海永镇位于崇明岛北部、海门市东南部，北依长江。

微观区位
海永镇东接启隆镇南连崇明县通过长海公路相连。

发挥代替器的整体区位处理感知的微观区域边缘 ？如何

对外交通

现状交通
上海至崇明岛
自驾：上海长江隧桥。
汽渡：40分钟路程。

周边交通
崇明至海永经由陈海港至、长启、长海公路海门至海永，搭乘永临汽渡。

未来交通
轨道交通、19号通至崇明岛。崇明岛拟建环岛公路。

连通外部便捷交通应对未来交通压力 ？怎样

历史沿革

半世纪前　1970　1993　2030　？

移民城镇：海永镇居民主要来自长江对岸的海门市；围垦精神：勤劳的海永人在此围垦开拓，垦地安家。海门山歌：江南吴歌分支。 ？文化

现状资源

农业资源
以发展特色农产品为主。农作物种植以棉花、玉米、小麦为主；水果以甘蔗、西瓜为主。

水资源
海永镇水网纵横，流向以南北向为主，6至9月为丰水期，12月至4月为枯水期。

生态资源
海永镇是长江河流景观生态系统末端的重要组成，是崇明岛生态系统外围缓冲空间的重要生态节点。

成为海永立镇之本 崛起之源 ？什么

产业现状

第一产业
常用耕地面积425hm²，农作物总播种面积750hm²，其中粮食播种面积284hm²。

第二产业
第二产业中缺乏高技术产品和产业，难以对经济发展形成后续支持。

第三产业
第三产业表现出强劲的增长势头，推动了全乡经济和社会发展。

为海永经济带航 ？哪些

镇域现状

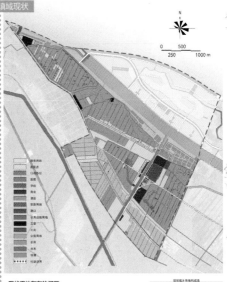

N　0　250　500　1000 m

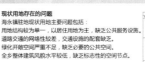

现状用地存在的问题
海永镇驻地现状用地主要问题包括：用地结构较为单一，以居住用地为主，缺乏公共服务设施。道路交通的网络性较差，交通设施的配套缺乏。绿化开敞空间严重不足，缺乏必要的公共空间。全乡整体建筑风貌水平较低，缺乏标志性的空间节点。

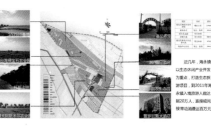

近几年，海永镇以生态休闲产业开发为重点，打造生态旅游项目。到2011年海永镇入境游游客人数达20万人，直接旅游接待动旅游费达百万元。

建设状况
自由分散，开发无序

现状水系
水清脉络，需治理连通

现状交通
外联不便，内路不顺

现状电力
现足所网，难负重压

现状公服
近时可用，仍待完善

现状电信
需要普及，服务未来

析·锦绣何绣

区域发展认知

认知一 上海对海永的影响
（1）交通条件 上海市至崇明岛将建设两条地铁线路，实现上海至崇明的汽渡、地铁和大桥隧道全部贯通。
（2）上海政策 上海对崇明岛的发展定位是建国际生态，奠定了崇明岛整体发展的基础。

认知二 崇明县对海永的影响
海永镇借鉴崇明现代农业园区建设经验，发展现代农业，实现与崇明的无缝连接。海永发展崇明缺乏的水上旅游项目，突出海永特色。

认知三 海门市对海永的影响
海永处于海门融入上海的最前沿、经济特区和经济增长点。海门文化发扬于海永，表达于崇明。

整体认知：通过调查整合，研究认知，考虑省置政策，上位要求等因素为海永区位交通，资源产业，演进海永发展为以下四类产业包括农业、文创、养老和旅游。

相关规划解读

《崇明三岛总体规划（2010—2020）》在海永镇所处的崇北片区被定为以生态农业为主的规模农业区和战略储备区，可依托周边生态环境建设主题乐园。

《海门市旅游总体规划（2010—2020）》把海永镇打造成为集体闲度假、农家体验、自然风光、餐饮疗养于一体的旅游度假胜地。抓住机遇，融入崇明生态岛建设，成为崇明旅游的有机组成部分。

《江苏省海门市海永镇总体规划（2010—2030年）》崇明岛北部休闲旅游中心、生态旅游与都市休闲的结合部，大众休闲与精英休闲的交融体。

发展SWOT分析

1. 优势
良好的基础，上海的区位，江苏的政策，崇明的生态，海永的资源。

2. 劣势
对外交通不便捷，内部交通不系统，基础设施不完善，用地结构不合理，产业发展缓慢，基础薄弱，特色不明显，知名度低，经济滞后，难满所需。

3. 机遇
江苏沿江和上海崇明的开发，长各建设带来新的发展，建设海永、崇明生态旅游循环，现代旅游业的迅速发展，海永乡升级为海永镇。

4. 挑战
多方诉求如何满足
政府：打造形象，经济发展，产业成链，多元化升级。
游者：愉悦的环境，完善的服务，多彩的活动，美妙的记忆。
开发者：项目的操作性和利润，企业的品牌形象。
原住民：收入的提升，设施的建设，习俗的延续。

案例研读

杭州仓前"梦想小镇"：科技互联网创业、优惠政策、创新资本。

富阳"硅谷小镇"：生态环境优势、杭州智力优势，以互联通、艺术设计、工业设计和文化创意产业为重点发展智慧经济。

通过案例分析，小镇建设是基于其资源禀赋，合理确定发展策略的。对于旅游小镇的开发建设，在生态和谐的基础上，挖掘独特性并打响品牌，扩大效应，是首当其冲的规划目的。

产业可行性分析

农业产业
日本：多功能智慧型
英国：旅游环保型
德国：社会生活功能
荷兰：创汇经济功能

上位规划、区位性质、生态资源，定农业为基础，据分析，确定农业为可走日本和英国的发展路线。

文化创意产业
文化为载体
创意为灵魂
人群为活力
产业为落脚点

年轻人的创意平台，未来发展的飞跃跳板，为艺术家的天地、灵感之源，将为艺术家创造清静的天地，提供优良的创作环境。

养老产业
国内山地养老模式
避寒养老模式少
古镇开发养老模式
大都市郊外模式较多

据分析，确定上海、江苏的郊外养老基地；土地优势、生态优势，实行候鸟养老计划。

旅游产业
旅游产品：形成产业群
旅游资源：经营吸引力
旅游设施：住宿玩乐游
旅游服务：劳务和管理

农业、水系、湿地等特色旅游，满足生态规划、上位需求的旅游业。

现状问题总结

交通：完善过交通、内部交通网络。
区位：如何利用海永区位优势？
政策：如何融入崇明岛，彰显小城镇特色？
周边：怎样与崇明、长岛结合、呼应？
形象：塑造怎样的主题形象、城镇特色？
资源：保护和治理水网格局，生态治理。
人文：民俗文化延续，城镇发展如何回归人性？

乡村规划竞赛作品

水绣花香·愛浸海永

江苏省海门市海永镇美丽乡村规划

学校：安徽建筑大学　指导老师：叶小群　杨新刚　杨婷　肖铁桥　小组成员：刘润晨　朱青松　陈武烈　李正一　何峰　桂东　张静萍　吴辉

策·运筹念花

战略规划

海永镇产业发展战略规划

海永镇产业选择：在产业选择和具体发展策略上强调智慧创新理念，多产业部门和跨产业部门的多元发展，以及基于现代农业和文化创意产业的产业价值链的高度整合和集群化。

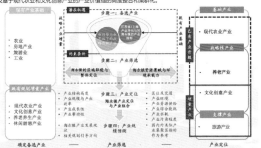

产业发展目标

（1）产业定位
海永镇在发展现代农业的基础上，将文化创意农业作为特色产业，养生养老产业作为辅助，通过这三大产业，带动旅游产业发展。提升现有产业，带动新兴产业，实现多产业复合发展。

（2）发展目标
发展目标：海永目前着力发展生态休闲旅游业，立足崇明世界级生态区、国际休闲旅游的开发定位，充分发挥海永的区位、地缘、或域优势，积极探索旅游与文化创意、现代农业的融合，大力发展以休闲娱乐、旅游产品、旅游观光为主导的旅游及旅游配套产业，形成上海都市圈周边最具生命力和知名度的旅游度假区。

海永镇市场定位：将形成以生态农业旅游和主题旅游为主，教育旅游为辅助的格局。生态农业旅游是以乡野农村风光和田园旅为主；主题旅游主要分为爱情主题游和水上乐园游；教育旅游的产品形式主要是夏令营营形式，夏令营主要以参观景点和社会实践为主。

主题构思

水绣花香

线	织	锦	绣
以水为线成主路之辅	以水为织成水路之纹	以水为锦成水系之脉	以水为绣成海永之花

——以花为媒，成此地之香；以花为媒，成海永之花。

愛浸海永

大爱海永——理念的生长顺序：
1.人与自然：即爱·自然。遵循上位规划，结合区位特征，发挥资源优势，确定生态为基础。
2.人与人：即爱·浪漫。考虑前内部产业区位和农业特色为主题，花卉产业独树一帜，相关产业步步繁荣。从人与自然的爱中衍生出了人与人的爱。
3.人与文化：即爱·文创。在人与自然、人与人的交中，会不断地衍生出需求和创意。发挥创新的能力，满足人的要求，提出文创理念。
4.人性回归：即爱·生活。满足以上后，提倡回归人本身，回归人心、关心、关心生活，便会衍生出旅游养生、游乐等让人更幸福，生活更美好的产业。

海永镇形象定位：
水绣花香，愛浸海永

"大爱"主题在海永镇的空间落实：将"大爱"分解为四个部分：爱·浪漫、爱·文创、爱·自然、爱·生活。依次形成四个项目主题分区，各分区有一代表产业支撑。

海永镇发展定位：现代农业为基础，文化创意为特色，养老业为辅助，旅游产业为核心，形成四大产业，各产业间耦合联通，协调发展。

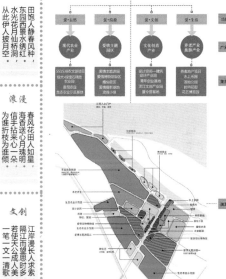

展·远心如香

爱·自然

产业支撑：农业=观光+农业体验
衍生整理：生态湿地、自然水系
抽象形象：叶脉、水纹
用有已的农业项目作为主要的产业支撑，基于现状规划整理生态湿地、自然水系等。由于乡镇的小路、绿地规划形象像叶子的叶脉，结合自然生态的属性，其抽象形象选择为叶脉、水纹。

战略定位：崇明岛特色农业种植地区，现代农业发展集聚区、生态湿地旅游区。
客群定位：来自长三角地区休闲农业的人群。
项目布局：（1）SS1538；（2）绿大、绿宝石精致农业园；（3）番茄农庄；（4）生态农业示范基地；（5）湿地乐园。

爱·浪漫

产业支撑：农业=观光+综合商业（花卉相关产业）
衍生整理：婚庆相关
抽象形象：花卉
在现有花卉产业的基础上，发展花卉相关产业，以此为爱浪漫的产业支撑。再结合原有教堂等衍生出婚庆相关产业。其抽象形象代表选择为花卉。

战略定位：崇明岛地区内的爱情主题乐园
客群定位：大学生群体、青年人、都市白领、夕阳红
项目产品策划：
（1）爱情主题游园；（2）爱情博览街区；
（3）婚俗文化街区；（4）浪漫狂欢节等。

爱·文创

产业支撑：文创产业
衍生整理：文化活动
现状文创项目结合新开发项目，作为爱·文创的产业支撑。结合海永围垦、迁入等历史，再衍生出相关文化活动。

战略定位：长三角地区较有影响的大学生实践基地、崇明岛文创中心。
客群定位：建筑设计从业者、艺术院校学生、农业院校学生及具有实践需要的在校生。
项目布局：
（1）现代设计空间；（2）青年创业中心；
（3）滨江艺术之家；（4）学生实践基地等。

爱·生活

产业支撑：养生（养老）、旅游
衍生整理：游乐产业、一河两岸等
抽象形象：星月
开发居住，保护生态，完善设施，以供养老。由于项目主要以点、面的形式分布且都是较"闪耀"的项目，所以抽象形象选择星月。

战略定位：结合海岛规划，体现海永特色，利用原有防洪堤坝，打造具有滨江特色的风情渔旅游带。
项目布局：
（1）水上乐园；（2）湿地游园；（3）候鸟养老；
（4）艺术之家；（5）花艺园；（6）水街新韵等。

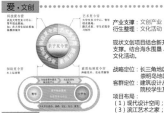

自然
田饱人静春风种
水光东园西景水绣红
花月仙桥洞空
从此伊人披月空

浪漫
春风海香花田人如星
为谁信手拈送花月瑰明
折桥枝心心一朵倾

文创
江岸漫长人求索
隔江而望思时多
一若使天公成见美
笔一文一清歌

生活
老老悠然候鸟田
但游不游知花月在地闲
不知时知岁月间
知闲

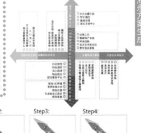
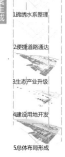

海永项目策划

海永方案生成

1.绣锦水系整理
2.便捷道路通达
3.生态产业升级
4.建设用地开发
5.总体布局形成

开发时序

Step1: 梳整基本水系纹理 开发基础现代农业
Step2: 发展公共服务设施 奠定乡镇功能基础
Step3: 完善滨江相关建设 打造美妙滨江景观
Step4: 完善规划项目管理 新建社区收尾工作

刘润晨　朱青松　等

乡村规划竞赛作品

161

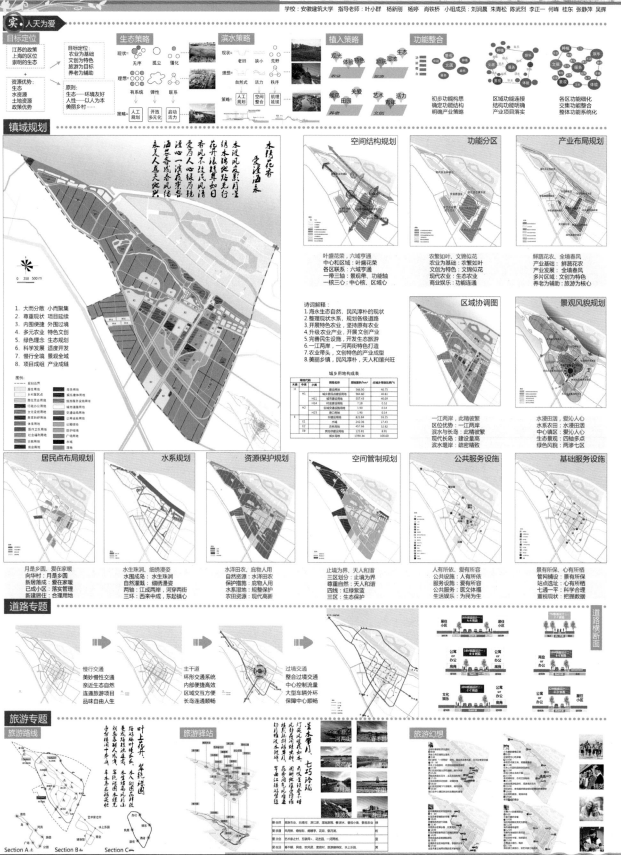

水绣花香·爱浸海永

江苏省海门市海永镇美丽乡村规划

学校：安徽建筑大学　指导老师：叶小群　杨新刚　肖婷　肖铁桥　小组成员：刘润晨　朱青松　陈武烈　李正一　何峰　桂东　张静萍　吴辉

实 · 人天为爱

目标定位　生态策略　滨水策略　植入策略　功能整合

镇域规划

1. 大而分散　小而聚集
2. 尊重现状　项目延续
3. 内围便捷　外围过境
4. 多元农业　特色文创
5. 绿色理念　生态规划
6. 科学发展　适度开发
7. 慢行全境　景观全域
8. 项目成组　产业成链

空间结构规划
叶盛花荣，六域亨通
中心和区域：叶盛花荣
各区联系：六域亨通
一带三轴：景观带、功能轴
一核三心：中心核、区域心

功能分区
农繁如叶、文锦似花
农业为基础：农繁如叶
文创为特色：文锦似花
现代农业：生态农业
商业娱乐：功能连通

产业布局规划
鲜蔬花农、全境春风
产业基础：鲜蔬花农
产业发展：全境春风
多片区：文创为特色
养老为辅助：旅游为核心

诗词解释：
1. 海永生态自然，民风淳朴的现状
2. 整理现状水系，规划各级道路
3. 开展特色农业，坚持原有农业
4. 升级农业产业，开展文创产业
5. 完善民生设施，开发生态旅游
6. 一江两岸，一江河流特色打造
7. 农业带头，文创特色的产业成型
8. 美丽乡镇，民风淳朴，天人和谐兴旺

城乡用地构成表

用地代码		用地名称	用地面积/hm²	占城乡用地比例/%
大类	中类	小类		
H	H1		建设用地	566.50	40.75
		H11	城乡居民点建设用地	564.60	40.61
		H14	城市建设用地	557.43	40.09
			村庄建设用地	7.18	0.52
		H23	区域交通设施用地	1.90	0.14
			交通设施用地	1.90	0.14
E			非建设用地	823.84	59.25
	E1		水域	242.36	17.43
	E2		农林用地	457.66	32.92
	E9		其他非建设用地	123.81	8.91
			城乡用地	1390.34	100.00

区域协调图
一江两岸，此精彼繁
区位优势：一江两岸
滨水与长岛：此精彼繁
现代农业：建设量高
滨水堤岸：疏密精致

景观风貌规划
水漫田涵，爱沁人心
水系农田：水漫田涵
中心镇区：爱沁人心
生态景观：四轴多点
绿色风貌：两渗七区

居民点布局规划
月是乡圆，爱在家暖
向华村：月是乡圆
新落居成：爱在家暖
已成小区：落实管理
新建居住：合理用地

水系规划
水生珠润，细绣漫姿
水围成岛：水生珠润
自然灌溉：细绣漫姿
两街：江成两岸，河穿两街
三环：西来中成，东起镇心

资源保护规划
水淳田农、庞物人用
自然资源：水淳田农
保护措施：庞物人用
水系整治：现代革新
农田资源：现代易新

空间管制规划
止境为界，天人和谐
三区划分：止境为界
尊重自然：天人和谐
四区：生态发方守界
三区：生态保护

公共服务设施
人有所依、爱有所容
公共设施：人有所依
服务设施：爱有所容
公共设施：医文休福
生活娱乐：爱生生生

基础服务设施
景有所栖，心有所栖
管网铺设：景有所栖
站点选址：心有所栖
七通一平：科学合理
重视现状：把握数据

道路专题

慢行交通
美好慢性交通
亲近生态自然
连通旅游项目
品味自由人生

主干道
环形交通系统
内部便捷高效
区域连通顺畅

过境交通
整合过境交通
中心控制流量
大型车辆外环
长岛连通顺畅
保障中心顺畅

道路横断面

旅游专题

旅游路线

旅游驿站

旅游幻想

Section A　Section B　Section C

刘润晨　朱青松　等

乡村规划竞赛作品

江苏省海门市海永镇美丽乡村规划

学校：安徽建筑大学　指导老师：叶小群　杨新刚　杨婷　肖铁桥　小组成员：刘润晨　朱青松　陈武烈　李正一　何峰　桂东　张静萍　吴辉

景·水涸花浸

现状分析

现状分区：湿地浸滩区、镇区、生态娱乐、在建居住区

规划范围：东临长江，与绿地长岛隔江相望；西靠海永防洪堤，下沿鸽龙港河往两边延伸300～700m范围。

现状建筑质量分析

图例：水闸、海永中学、公共社区、加油站、码头、自来水厂、邮电局、乡政府、卫生院

图例：质量好（保留）、质量一般（改造或保留）、质量差（拆除）、城市道路新用地、水域

规划理念

总平面图

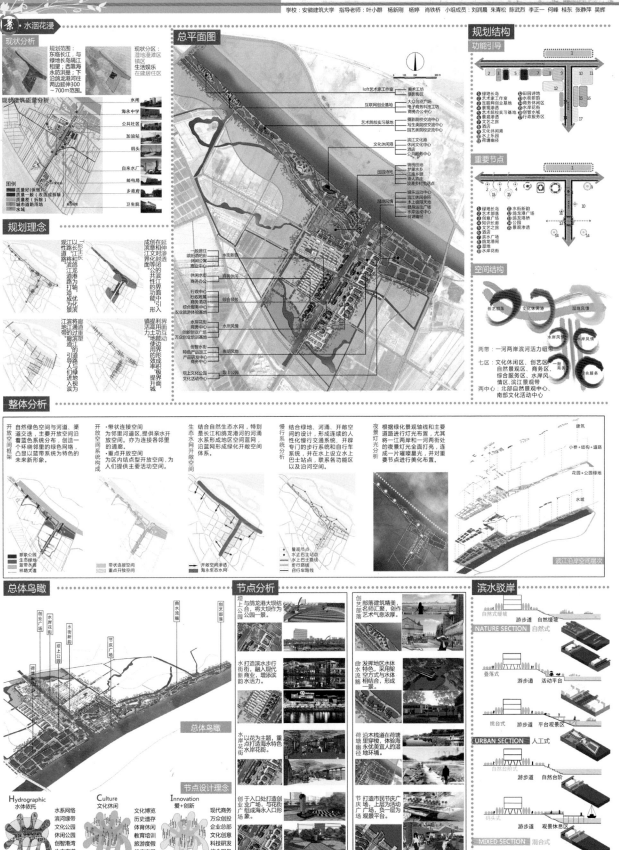

规划结构

功能引导

重要节点

空间结构

两带：一河两岸滨河活力纽带

七区：文化休闲区、创艺区、自然景观区、商务区、综合服务区、水岸风情区、滨江景观带

两中心：北部自然景观中心、南部文化活动中心

整体分析

自然绿色空间与河道、渠道交迭，主要开放空间沿着蓝色系统分布，创造一个环绕邻里的绿色网络，凸显以蓝绿系统为特色的未来新形象。

带状连接空间为邻里河道区，提供亲水开放空间。亦为连接各邻里的通廊。重点开放空间为区内结点型开放空间，为人们提供主要活动空间。

生态水网结合自然生态水网，特别是长江和鸽龙港河的河涌水系形成地区空间蓝网，沿蓝网形成绿化开敞空间体系。

慢行系统结合绿地、河涌、开敞空间的设计，形成连续的人性化慢行交通系统，并在水上设立水上巴士站点，联系各功能区以及沿河空间。

夜景灯光分析 根据绿化景观轴线和主要道路进行灯光布置，尤其将一江两岸和一河两岸的夜景灯光全面打亮，连成一片璀璨星海，并对重要节点进行美化布置。

总体鸟瞰

节点分析

滨水驳岸

NATURE SECTION 自然式

URBAN SECTION 人工式

MIXED SECTION 混合式

节点设计理念

Hydrographic 水体依托
Culture 文化休闲
Innovation 爱+创新

寻古归园 梦渡张思

天台县平桥镇张思村村庄规划

参赛学校：安徽建筑大学　指导老师：杨婷　马明　王爱　杨新刚　王昊禾
小组成员：白佳丽　滕璐　李正香　阮亚兰　黄敏霆　杨志彬

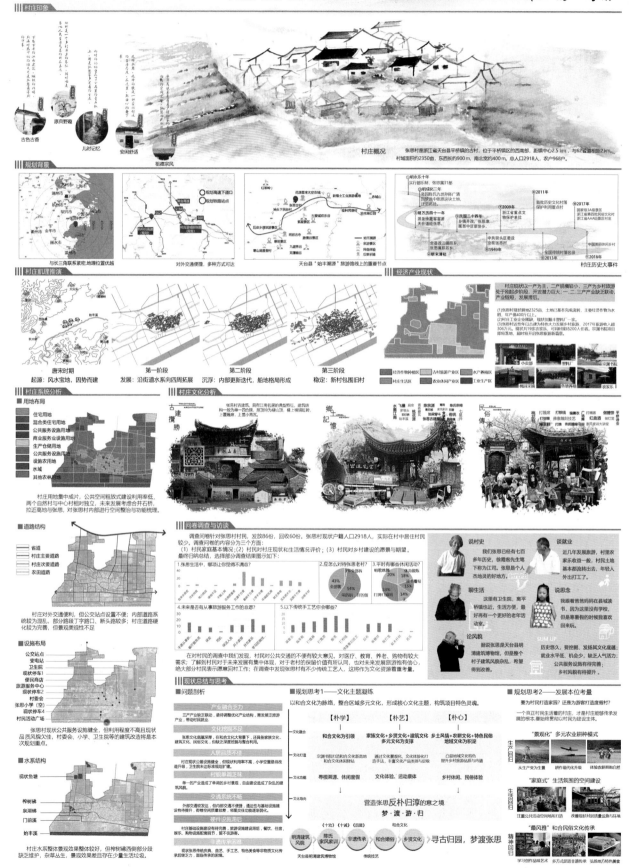

村庄印象
古色古香　儿时记忆　原员野趣　安详舒适　祖德宗风

村庄概况：张思村是浙江省天台县平桥镇的古村，位于平桥镇区的西南部，距镇中心2.5 km，与62省道相距2 km。村域面积约2350亩，东西长约900 m，南北宽约400 m，总人口2918人，农户968户。

规划背景
与长三角联系紧密，地理位置优越
对外交通便捷，多种方式可达
天台县"始丰溯源"旅游路线上的重要节点
村庄历史大事件

村庄肌理推演
唐末时期　第一阶段　第二阶段　第三阶段
起源：风水宝地，因势而建　发展：沿街道水系向四周拓展　沉浮：内部更新迭代，船地格局形成　稳定：新村包围旧村

经济产业现状

村庄系统分析
用地布局
道路结构
设施布局
水系结构

村庄文化分析
古建撷胜　乡记忆　民俗传承

问卷调查与访谈
说村史　谈就业　聊生活　说思念　论风貌

现状总结与思考
问题剖析
规划思考1——文化主题凝练
【朴学】【朴艺】【朴心】
营造张思反朴归淳的意之境　梦·渡·游·归
寻古归园，梦渡张思
规划思考2——发展本位考量

白佳丽　滕璐　李正香　等

乡村规划竞赛作品

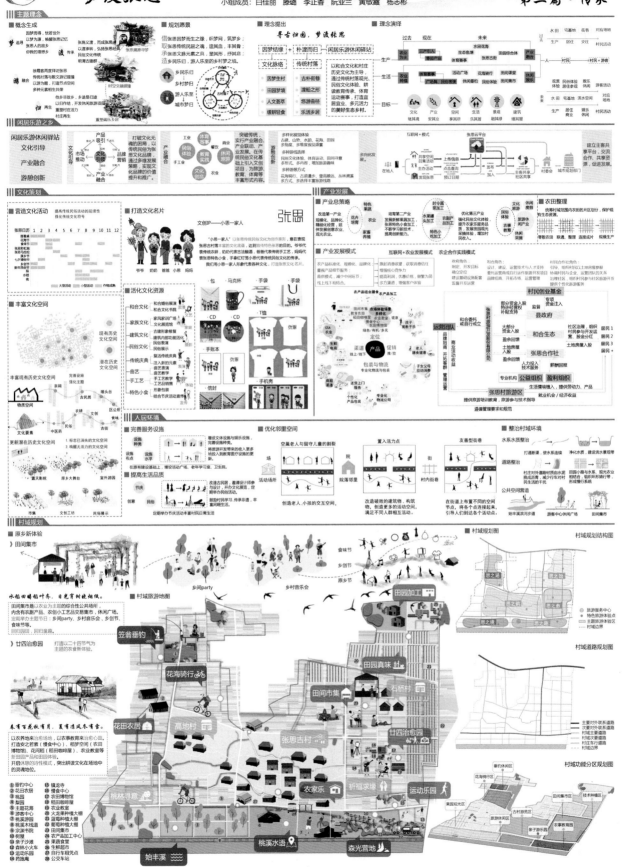

寻古归园 梦渡张思

天台县平桥镇张思村村庄规划

参赛学校：安徽建筑大学　指导老师：杨婷　马明　王爱　杨新刚　王昊禾
小组成员：白佳丽　滕璐　李正香　阮亚兰　黄敏露　杨志彬

中心村特质要素

依山傍水，旖旎风光　　曲径通幽·青石板上　　涓涓细流·水平如镜　　老屋林立·古色古镇　　聚族而居·闲话桑麻

中心村系统分析

现状活力点主要聚集在中心村塘头台附近，与历史建筑的位置重合度高。

古井 / 古树

村庄历史资源丰富，但现状开发利用程度低，景观性不佳。

村庄开口

村庄交通便捷，以步行道为主，村庄入口缺乏标示。

水系

村庄水系发根，线形优美，但部分滨河风貌较差。

建筑空间要素分析

建筑层数与风貌

张思村村内建筑高度集中在一二三层为主，建筑风貌比较斜样，随着建造时间的不同，风貌有不同的变化。主要有传统民居、一般民居和现代建筑三类，总结分析发现，传统风貌区危房严重，风貌较差。现代风貌区建筑包围传统风貌建筑，村庄传统风貌遭受破坏。

江南民居建筑特征

现场调研/要素提取

建筑质量

一类建筑评价：为钢筋混凝土或砖混结构建筑，包括整修后用于旅游开发的传统建筑以及外立面协调、质量较好的现代建筑。
二类建筑评价：主要为砖混结构的建筑，质量较好，外立面较为陈旧或与传统风貌不协调。
三类建筑评价：砖木结构为主，建筑较为陈旧、部分居住、部分空置建筑，炊事、杂物等的临时建筑，以及零散的牲畜用房。

一类建筑　　二类建筑　　三类建筑

基于现状问题的思考

如何打造入口片区？
结合入口设置旅游服务中心，并组织游览路线组织

如何利用周边环境？
整合周边资源，打造完整的漫板体系

如何适应基地肌理？
将现有空间模式运用到村民安置区的布局中

基于现状的改造方式

更新　　改造　　拆除　　新建

空间整治策略

优势 & 问题

优势！　历史建筑保存较好，开发潜力大
　　　　基础设施较为完善，可操作性强
　　　　自然资源丰富，乡土基础好

公共服务体系不完善，设施陈旧老化
公共场地缺乏，缺乏活动场地，公共空间
功能过度集中，村落形态破碎环

问题！

居住空间

1.住宅优化示范户
鼓励村民进行自家村宅优化，包括庭院空间绿化与宅前独立特色化

2.改善居住环境，提升宜居品质
提升居住环境，包括户型、院落等为优化，改造成更为宜居的住宅空间。

3.活化街巷空间
植入地方文化符号：模板提型多样化。本土化，优化街巷绿化，提升空间趣味性。

住宅门户空间优化

操作空间
商业空间
停车空间
墙面装饰
生活空间
交通空间

绿化空间
交通空间

道路空间

1.交通性道路整治策略
　完善路网密度，提高通达率
　扩宽交通性道路，拆除构筑物
　鼓励静态交通，外围停车
　优化公共交通站点

2.生活性道路整治策略
对连通性差的道路进行重组，连接断头路使得通畅，改变不当道路肌理
进行人车分流，适当设置通道，缓解道路性道路压力
沿两横打造滨水景观带，在村内道路营造富有地方特色的主题街景
不以通车为主的道路就地取材，采用当地石材铺面，体现原生与自然

公共空间

1.现有空间重整
对现状村民经常活动的公共空间进行优化，植入空间要素，活动内容

人群活动轨迹
植入空间要素
与建筑空间组合

2.碎片空间再开发
对废弃老旧建筑进行改造，腾置空间加强利用，低利用率住宅空间改造利用，整合打造公共空间系统。

3.完善公共服务设施
增设游客服务中心、村落书室、展览室、家庭联络点、村闻广场、活动中心等公共服务与文化设施，提升村民生活品质。

中心村规划设计

规划结构分析

图例：
张思历史古镇片区
张思旅游休闲片区
高端民宿片区
草居公寓片区
滨河风光片区
主题花海片区

规划道路分析

图例：
村镇道路
机动车道
主要步行道
次要步行道（街巷）

规划公共节点分析

图例：
开敞空间

规划公共服务设施分析

图例：
旅游咨询服务处　健身中心　公交车站
卫生室　公园
村委会　商店
文化中心　停车场

规划环卫设施分析

图例：
公共厕所
双筒垃圾桶

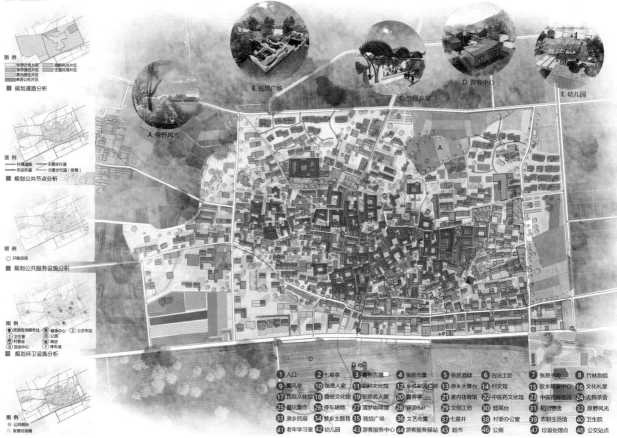

A. 绿野风光　　B. 残垣广场　　C. 竹楹乡堂　　D. 游客中心　　E. 幼儿园

1 入口　2 七星亭　3 魔法古道　4 张思市集　5 张思酒馆　6 古法工坊　7 张思书院　8 竹林别院
9 墨风阁　10 张思人家　11 农耕文化馆　12 乡风家风广场　13 原乡大舞台　14 村史馆　15 故乡联谊中心　16 文化礼堂
17 民俗文化馆　18 婚俗文化馆　19 张思名人堂　20 露游Bar　21 室内体育馆　22 中医药种植园　23 中医药种植园　24 无我茶舍
25 慢玩集市　26 停车场地　27 清梦咖啡屋　28 乡游Bar　29 文创工坊　30 登高台　31 稻田祭台　32 原野风光
33 原乡民宿　34 梦乡主题巷　35 残垣广场　36 文艺市集　37 七星井　38 村委办公室　39 农耕生活馆　40 卫生院
41 老年学习室　42 幼儿园　43 游客服务中心　44 游客服务驿站　45 超市　46 公厕　47 垃圾处理点　48 公交站点

白佳丽　滕璐　李正香　　等

乡村规划竞赛作品

寻古归园
梦渡张思

天台县平桥镇张思村村庄规划

参赛学校：安徽建筑大学　指导老师：杨婷　马明　王爱　杨新刚　王昊禾
小组成员：白佳丽　滕璐　李正香　阮亚兰　黄敏鑫　杨志彬

第四篇·归根

文得象风遮是底，脉引古韵落始丰。张得了长庚庚长，思入田心日日欣。

空间优化

街巷空间

1. A区段整治构思
   1. 利用原始聚落高差营造台阶的街道空间层次。
   2. 拆除破旧建筑，结合集市市进行重新设计。
   3. 整整街巷空间，利用好建筑现及原有历史建筑合成小广场空间。

2. B区段整治构思
   1. 结合传统坡屋顶元素，采用现代设计手法，将居住商业融合。
   2. 加建整合商业界面，开发开利用阳平平台。
   3. 入口小广场与景观及沿街建筑结合设计，形成整体形态。

3. 打造张思古街
   - 现状民居
   - 戏苗台
   - 古法工坊
   - 中医药种植园
   - 售纪重市
   - 婚俗文化馆
   - 故乡联谊中心
   - 游新文化馆
   - 村史馆
   - 原大舞台
   - 游客服务驿站
   - 残垣广场
   - 张思菜园
   - 竹林院落
   - 张思古街
   - 零点印象旅社馆
   - 七星亭

院落改造

- 庭院
- 建筑─院落
- 三合院
- 建筑─院落
- 异形院
- 建筑─院落
- 组合院
- 建筑─院落

- 增添小品，结合建筑向外打开
- 规整景观布置，植入休憩空间
- 适当保留野趣，增添小品
- 联动室内活动，植入相应的景观配套

水系整治

整治前	整治后
治理前水系交错纵横，但缺乏变化。	治理后水域景观变化丰富，层次感强。
治理前水网部分干涸，缺乏连通性。	治理后水网重新贯通，呈体系分布。
治理前水网功能单一，缺乏趣味性。	治理后水网功能丰富、灵动有趣。

建筑改造

改造理念

引入艺术元素，在现有建筑的墙面上进行整治，引入艺术创作。

构建趣味场景，营造得具有趣味性的休闲娱乐场所。

保留具备当地建筑特色的老建筑，对原有建筑风貌及院落进行梳理和整治。

维持张思村当地建筑特色，对有价值的建筑进行维护修缮适当改建，赋予其新的功能。

增加软性装饰，在经营性建筑中增加具有地域特色的装饰物品。

赋予原有建筑新功能，让旧建筑焕发新光彩。

- 立面改造
- 营造庭院空间
- 打造景观体系

单体建筑改造引导

- 现状统一形式丰富

组团建筑改造引导

- 加强建筑之间的交流
- 充分利用建筑空间

张思小学改造指引

- 添加新的功能

现状为张思小学规划改为村政府，在现状建筑的基础上对外立面进行改造，并增添新的建筑。

破收建筑改造引导

定位：保留古建筑、古塘、古窑、石头，通过书吧、茶室、张思咖啡等场地置，打造残垣广场，形成开放式的文化展。

- 书吧
- 茶室
- 张思咖啡
- 平面图

片区设计

原乡公社生活场景图

院落内部栽种绿植，打造休憩空间，家人、朋友聚在一起，舒适温馨。

原乡公社院落场景图

何处寻得神仙乐？吾心深处是原乡。院落围合，串联人家，院内歌涼品茶，隔着院落，可以听到隔壁的大吠、人声，间到邻居的饭菜香，从而增进乡民之间的密切交往。

原乡公社平面图

答村民问

村民：以后我们村民都在村子里工作，获得满意的收益需要了解村里整体产业格局一般，做们知道该做什么好吗？
可以啊！之后很多旅游项目都需要大量管理、引导、接待人员，而且我们村里能够进行家家自主创业，开发手工作坊、咖啡馆、民宿等。

村内老人：余余饭后我们可以去哪里聊天、听戏、娱乐？
我们设置了明镜广场等公共开放空间供大家休闲娱乐。

村内儿童：你可以在村道里型逛逛，在老房子里看展览、在广场上看电影，和小伙伴一起掏鸟果、玩沙子，还可以学树种。

村委会领导：主要资金投入大概在什么地方？发展是否可持续？
主要是古建筑修缮恢复，同后综合开发，员工工改，后续村庄现有资源利建设基础上考虑若干发优化措施，前期投入、后期人气上升，游客和创业人员带来的商机和购收购收回期投的资金，也会带动村的经济发展，提升村民收入。

游客：在张思有旅游资源基础上，我们不仅在古民居内部综合展览开发民俗、文娱、手工、中医等活动安置，而且在周边田园打造休闲、治愈、体验远种等空间，适合做假日休闲和家庭出游。

创客：张思被称为天台县"明清建筑博物馆"，我们可以对张思的文化进行风貌控制，发现张思游有浓厚的文化和历史底蕴，我们仍然通艺青年艺术家在古民居里的探索，把工作室搬来这里，带动张思文化。

立面整治

玉兰路沿街立面（整治前）

玉兰路沿街立面（整治后）

白佳丽　滕璐　李正香　等

乡村规划竞赛作品

乡以优犹
民以悠游

学校：安徽建筑大学　专业：城乡规划　姓名：穆恬恬 王泽昊 苏海生 卫侠 徐国栋 蒋彦辰　指导教师：马明 杨新刚

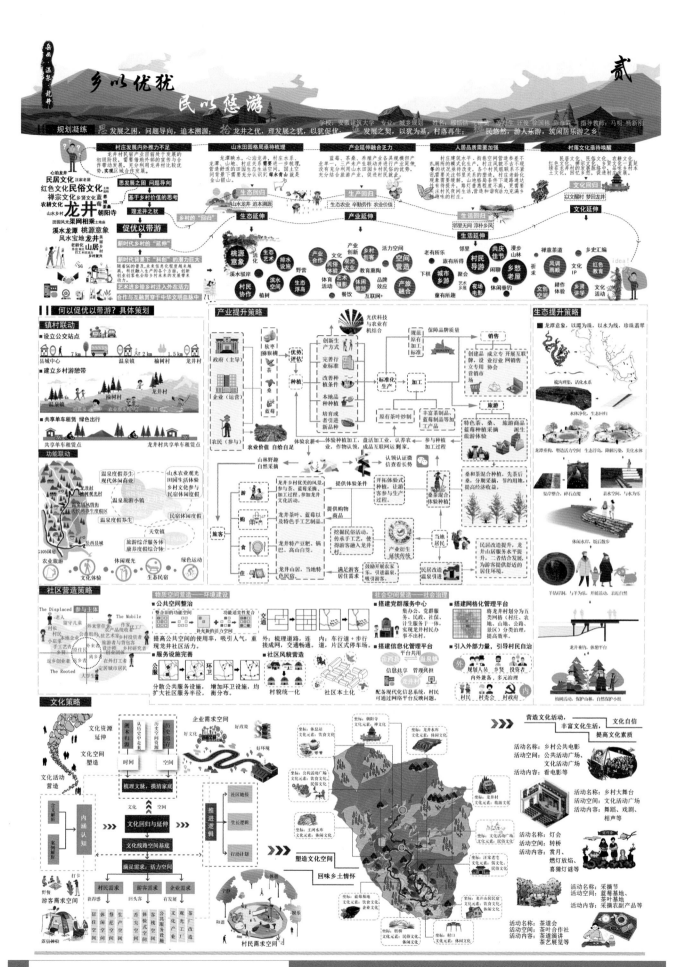

乡以优犹
民以悠游

穆恬恬　王泽昊　苏海生　等

乡村规划竞赛作品

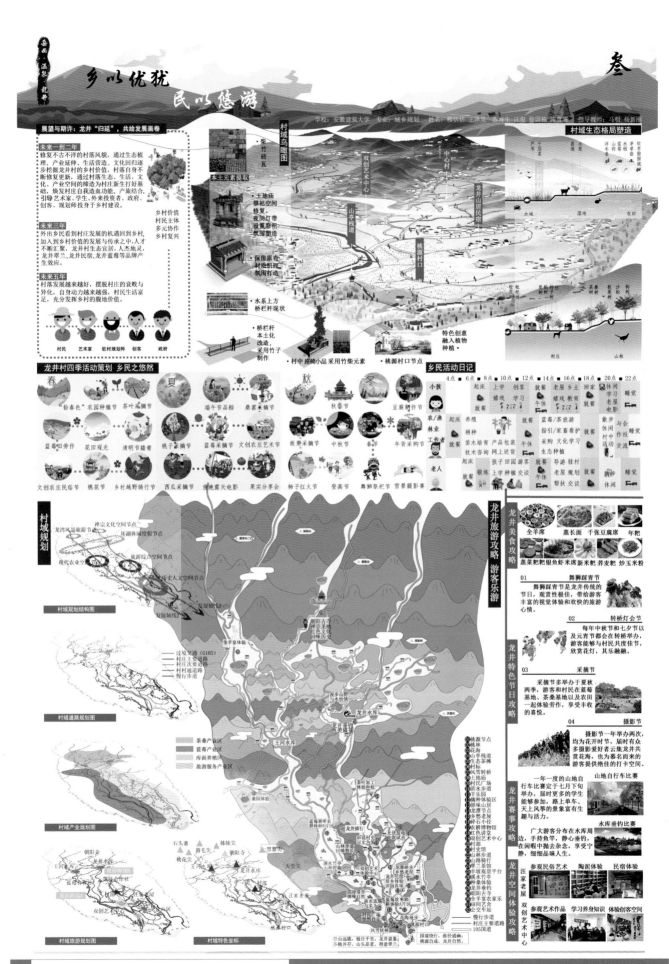

乡以优犹
民以悠游

学校：安徽建筑大学　专业：城乡规划　姓名：穆恬恬　王泽昊　苏海生　江俊　徐国梅　陈蕾蕾　指导教师：马明　杨新刚

展望与期许：龙井"归延"，共绘发展画卷

未来一到二年
修复不古不洋的村落风貌，通过生态梳理、产业延伸、生活营造、文化回归逐步挖掘龙井的乡村价值，村落自身不断修复更新，通过村落生态、生活、文化、产业空间的缔造为村庄新生打好基础，焕发村庄自我造血功能。产旅结合，引导艺术家、学生、外来投资者、政府、创客、规划师投身于乡村建设。

未来三年
外出乡民看到村庄发展的机遇回到乡村，加入到乡村价值的发展与传承之中，人才不断汇聚，人杰地灵，龙井翠兰、龙井民宿、龙井蓝莓等品牌产生效应。

未来五年
村落发展越来越好，摆脱村庄的衰败与异化，自身动力越来越强，村民生活富足，充分发挥乡村的腹地价值。

乡村价值
村民主体
多元协作
乡村复兴

村民　艺术家　驻村规划师　创客　政府

村域鸟瞰图

本土元素提取

村域生态格局塑造

龙井村四季活动策划 乡民之悠然

春　夏　秋　冬

乡民活动日记

村域规划

村域规划结构图

村域道路规划图

村域产业规划图

村域旅游规划图

村域特色坐标

龙井旅游攻略 游客乐游

龙井美食攻略
全羊席　蒸长面　千张豆腐席　年粑
蒸菜粑粑银鱼虾米席新米粑　荞麦粑　炒玉米粉

龙井特色节日攻略

01 舞狮踩青节
舞狮踩青节是龙井传统的节日，观赏性极佳，带给游客丰富的视觉体验和欢快的旅游心情。

02 转桥灯会节
每年中秋节和七夕节以及元宵节都会在转桥举办，游客能够与村民共度佳节，欣赏花灯，其乐融融。

03 采摘节
采摘节多举办于夏秋两季，游客和村民在蓝莓基地、茶桑基地以及农田一起体验劳作，享受丰收的喜悦。

04 摄影节
摄影节一年举办两次，均为花开时节，届时有众多摄影爱好者齐集龙井共赏花海，也为慕名而来的游客提供绝佳的打卡空间。

龙井赛事攻略

山地自行车比赛
一年一度的山地自行车比赛定于七月下旬举办，届时更多的学生能够参加，路上单车，天上风筝的景象富有生趣与活力。

水库垂钓比赛
广大游客分布在水库周边，手持鱼竿，静心垂钓，在闲暇中抛去杂念，享受宁静，细细品味人生。

龙井空间体验攻略

参观民俗艺术　陶泥体验　民宿体验

汪家老屋　双创艺术中心

参观艺术作品　学习养生知识　体验创客空间

穆恬恬　王泽昊　苏海生　等

乡村规划竞赛作品

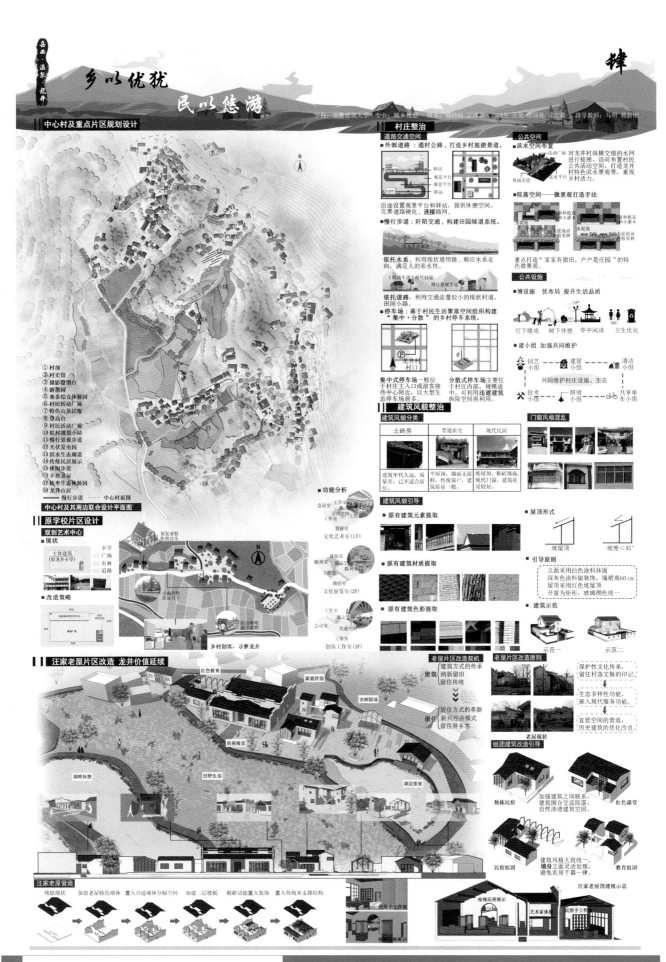

乡以优犹 民以悠游

中心村及重点片区规划设计

学校：安徽建筑大学　专业：城乡规划　姓名：穆恬恬 王泽昊 苏海生 汪俊 佘国栋 陈志荣　指导教师：马明 杨新刚

①村部
②村史馆
③摄影瞭望台
④游葱塔台
⑤桑茶综合体验园
⑥村民活动广场
⑦特色山景民宿
⑧登高台
⑨村民活动广场
⑩驻村规划小站
⑪慢行景观步道
⑫光伏发电园
⑬滨水生态廊道
⑭传统民居展示
⑩休闲步道
⑯乡愁怒屋
⑰软枣生态休验园
⑱龙井山居
—— 慢行步道 —— 中心村范围

中心村及其周边联合设计平面图

原学校片区设计

双创艺术中心

■现状

■改造策略

乡村创客，寻梦龙井

汪家老屋片区改造 龙井价值延续

红色教育
家庭民宿
古树剧场
民俗展览
湖畔休憩
田野生活
湖边茶室

汪家老屋营造

残损现状　保留老屋特色墙体　置入合适墙体分隔空间　加建二层楼板　根据功能置入装饰　置入传统木支撑结构

村庄整治

道路交通空间

■外部道路：通村公路，打造乡村旅游景道。

沿途设置观景平台和驿站，提供休憩空间。完善道路硬化，连接路网。

■慢行步道：阡陌交通，构建田园绿道系统。

依托水系，利用现状堤坝路，顺应水系走向，满足人的亲水性。

依托道路，利用交通流量较小的现状村道、田间小路。

■停车场：基于村民生活聚落空间组织构建"集中+分散"的乡村停车系统。

集中式停车场一般位于村庄主入口或游客接待中心附近，以大型生态停车场为主。

分散式停车场主要分布于村庄内部，规模适中，可利用连建筑拆除空间再利用。

建筑风貌整治

建筑风貌分类

土砖房	普通农宅	现代民居
建筑年代久远，质量差，已不适合居住。	平屋顶，墙面无涂料，传统窗户，建筑质量一般。	坡屋顶，贴砖墙面，现代门窗，建筑质量较好。

建筑风貌引导

■原有建筑元素提取

■原有建筑材质提取

■原有建筑色彩提取

老屋片区改造契机

（建筑内部的传承）
留筑　纳新留旧　留住传统

居住方式的革新　新兴经济模式　留住异乡客

组团建筑改造引导

独栋民宿
红色课堂
民宿组团
教育组团

加强建筑之间联系，建筑围合交流院落，自然渗透建筑空间。

建筑风格大致统一，墙身立面灵活处理，避免农房千篇一律。

公共空间

■滨水空间布置　对龙井村纵横交错的水网进行梳理，沿河布置村民公共活动空间，打造龙井村特色滨水景观带，重现乡村活力。

■院落空间——微景观打造手法

重点打造"家家有微田，户户是庄园"的特色微景观。

公共设施

■增设施 优布局 提升生活品质

灯下嬉戏　树下休憩　亭中闲读　卫生优化

■建小组 加强共同维护

同艺小组　建屋小组　清洁小组
技术小组　照明小组　共享单车小组
共同维护村庄设施、生态

门窗风格混乱

■屋顶形式

坡屋顶　坡度<45°

■引导原则

立面采用白色涂料抹面
深灰色涂料做裙线，墙裙高60 cm
屋顶采用红色坡屋顶
开窗为矩形，玻璃颜色统一

■建筑示范

示范一　示范二

老屋片区改造原则

老屋现状

保护性文化传承，留住村落文脉的印记。

生态多样性功能，嵌入现代服务功能。

宜居空间的营造，历史建筑的优化改良。

汪家老屋透视示意

传统民俗展示　艺术家体验　民俗手工坊

穆恬恬　王泽昊　苏海生　等

乡村规划竞赛作品

图书在版编目（CIP）数据

安徽建筑大学城乡规划专业办学四十周年作品集 /
安徽建筑大学建筑与规划学院规划系编. -- 南京 ： 东南
大学出版社，2020.12
　ISBN 978-7-5641-9311-9

　Ⅰ．①安… Ⅱ．①安… Ⅲ．①城乡规划－建筑设计－
作品集－中国－现代 Ⅳ．①TU984.2

　中国版本图书馆CIP数据核字（2020）第250457号

书　　名	安徽建筑大学城乡规划专业办学四十周年作品集
	Anhui Jianzhu Daxue Ghengxiang Guihua Zhuanye Banxue Sishi Zhounian Zuopinji
编　　者	安徽建筑大学建筑与规划学院规划系
责任编辑	贺玮玮　　邮箱：974181109@qq.com
责任印制	周荣虎
出版发行	东南大学出版社
社　　址	南京市四牌楼2号（邮编：210096）
出 版 人	江建中
网　　址	http://www.seupress.com
印　　刷	南京新世纪联盟印务有限公司
开　　本	889mm×1194mm 1/16
印　　张	10.75
字　　数	210千字
版　　次	2020年12月第1版
印　　次	2020年12月第1次印刷
书　　号	ISBN 978-7-5641-9311-9
定　　价	98.00元
经　　销	全国各地新华书店